铸造起重机常用结构钢 Q345B 中温环境下疲劳相关行为研究

渠晓刚　著

中国原子能出版社

图书在版编目（CIP）数据

铸造起重机常用结构钢 Q345B 中温环境下疲劳相关行为研究 / 渠晓刚著. -- 北京 : 中国原子能出版社, 2024. 9. -- ISBN 978-7-5221-3541-0

Ⅰ. TH210.1

中国国家版本馆 CIP 数据核字第 2024N9T431 号

铸造起重机常用结构钢 **Q345B** 中温环境下疲劳相关行为研究

出版发行　中国原子能出版社（北京市海淀区阜成路 43 号　100048）
责任编辑　付　凯
责任印制　赵　明
印　　刷　北京金港印刷有限公司
经　　销　全国新华书店
开　　本　787 mm×1092 mm　1/16
印　　张　11.875
字　　数　158 千字
版　　次　2024 年 9 月第 1 版　2024 年 9 月第 1 次印刷
书　　号　ISBN 978-7-5221-3541-0　　　　定　价　**60.00** 元

网址：**http://www.aep.com.cn**　　　　E-mail：**atomep123@126.com**
发行电话：**010-68452845**

作者简介

渠晓刚，男，汉族，1980年3月出生，山西太原人。毕业于兰州理工大学机械制造及自动化专业，博士研究生学历，主要研究方向为高精密机械加工理论、重大机械装备疲劳寿命分析、起重机金属结构可靠性分析。现就职于太原科技大学，副教授，硕士研究生导师，任山西省电动缸工程研究中心副主任、中国运载火箭技术研究院（中国航天一院）五一九所科技委特聘技术专家。参与国家级项目2项、省级重点研发项目2项、校级项目2项。发表论文10余篇，其中SCI收录1篇、EI收录3篇。申请发明专利1项，实用新型专利3项。与山西航天清华装备有限责任公司、北京航天发射技术研究所联合承担山西省科技厅重点研发项目；与山西航天清华装备有限责任公司、北京航天发射技术研究所联合承担中国运载火箭技术研究院重载电动缸研发项目。2015年获山西省科技进步二等奖。

前　言

重大机械装备长期工作在复杂环境下，金属结构和零部件力学性能逐渐退化，一旦发生事故，极易造成重大经济损失和重大人员伤亡。铸造起重机作为一种特殊的重大机械装备，在承受载荷的同时，还受到高温环境的影响，金属结构一旦失效，悬吊于桥架下方的上百吨钢水就会发生倾倒，其后果不堪设想。所以对铸造起重机金属结构寿命评估和可靠性分析对于防止事故发生是非常重要的。

铸造起重机金属结构复杂，制造成本较高，用铸造起重机金属结构直接进行疲劳试验研究并不现实，只能通过分析材料的疲劳行为来预测金属结构的寿命。金属结构的疲劳究其原因是材料的疲劳，针对铸造起重机常用材料 Q345B 钢，进行了中温环境下的拉伸疲劳试验和裂纹扩展试验，研究了 Q345B 钢在不同阶段的疲劳行为，在此基础上，分析了铸造起重机金属结构的疲劳相关行为。

本书以国家中长期规划（2006—2020 年）“重大产品、复杂系统和重大设施的可靠性、安全性和寿命预测技术”为研究主线，具体内容如下：

首先测试了 Q345B 钢在不同温度下（20 ℃、150 ℃、250 ℃、320 ℃、400 ℃）的静拉伸性能，通过不同温度下的应力应变曲线，分析了温度对屈服平台的影响。同时，分析实验数据得到 Q345B 钢弹性模量、屈服极限和强度极限随温度变化的趋势，为中温疲劳试验的应力水平的选取提供依据。其次进行了不同应力幅值（420～480 MPa）和不同环境温度下（20～400 ℃）应力控制的疲劳试验，每个温度下共进行 5 组不同循环应力状态的应力控制疲劳试验。

基于疲劳试验数据分析，得到了不同温度的应变范围变化规律。当环境温度变化时，应变范围变化规律不同，并不是随温度呈现单调的变化趋势，在温度为 320 ℃时，循环初期应变范围迅速下降，出现循环硬化现象，而其他温度应变范围都呈现出上升的趋势，出现循环软化现象。分析不同温度的平均应变变化曲线，当温度为 300 ℃、320 ℃和 350 ℃时，都经历了平均应变速率稳定阶段，而其他温度的试件直到断裂，应变速率仍未稳定。而且循环应力水平对平均应变速率也有很大影响，当应力水平增大时，平均应变速率明显变大，平均应变值也增大。

通过不同温度下应力控制疲劳试验数据，以三参数的应力寿命方法拟合出 Q345B 钢在不同温度下（20 ℃、150 ℃、250 ℃、320 ℃、400 ℃）的最大应力与寿命函数关系式，以及平均应力修正后的应力寿命函数关系式，然后拟合出考虑应力安全系数后的应力寿命模型。通过拟合结果发现在 320 ℃时，疲劳极限达到最大值。然后在温度区间 20～320 ℃和 320～400 ℃，分别将温度 T 分别拟合到考虑应力安全系数后的三参数应力寿命模型中的疲劳抗力系数、疲劳指数与疲劳极限中，得到了含温度变量的三参数应力寿命模型和平均应力修正后的三参数应力寿命模型。

基于损伤力学理论，将循环过程中的平均应变 ε_N 与材料断裂时的平均应变 ε_f 比值作为损伤变量，在双对数坐标下，通过拟合得出 $\lg(1-D)$ 与 $\lg(1-N/N_f)$ 的线性关系，从而确定损伤模型中的待定系数 D_0（初始损伤）和损伤指数 q，在得到不同应力和不同温度条件下所对应的损伤指数 q 后，将最大循环应力 σ_{max} 和温度 T 拟合到损伤指数 $q(\sigma_{max},T)$ 中，体现出不同应力以及不同温度对损伤模型的影响。再将包含温度变量 T 的应力寿命模型代入到损伤退化模型中，最后得到能够综合体现应力水平和温度变量 T 的损伤退化模型。

将损伤力学与有限元方法相结合，采用有效应力法，对铸造起重机金属结构裂纹萌生阶段寿命进行模拟计算。考虑到铸造起重机实际工作中金属结构受到钢水热辐射，在有限元热分析中，在桥架模型下方 4.5 m 处设置一个直径 5.0 m 的热源，将热源设置为 1 600 ℃，在循环过程中，当损伤值达到临界损伤（$D_c = 0.2$）时循环结束，此循环次数即为裂纹萌生阶段寿命。

通过不同温度（20 ℃、150 ℃、250 ℃、320 ℃、400 ℃）下 Q345B 钢的裂纹扩展实验，研究讨论了环境温度对 Q345B 钢裂纹扩展行为的影响，得到了 Paris 公式中的参数 C 和 m 随环境温度 T 的变化规律。并且以铸造起重机桥架金属结构为研究对象，分析了铸造起重机桥架金属结构的裂纹扩展过程。

对不同温度（20 ℃、150 ℃、250 ℃、320 ℃、400 ℃）相同应力水平（0～470 MPa）的疲劳拉伸试件断口进行电镜扫描分析，通过试件的断口形貌特征，分析温度对 Q345B 钢疲劳断裂抗力、疲劳断裂机理的影响。

将损伤力学理论与应力强度干涉理论相结合，考虑损伤的变化导致有效应力增加，将强度作为随机变量，应力作为随加载次数变化的随机变量，结合物理实验以及采用抽样仿真的方法，模拟出铸造起重机吊钩上横梁随加载次数变化的动态可靠度曲线。分析了在 387 ℃环境温度下不同结构分布参数的动态可靠度变化趋势。

本书的选题具有前瞻性与实用性，研究框架既系统又科学，既可以为超声检测、材料科学及机械工程等多学科的交叉研究工作提供宝贵的理论参考，也可以为铸造起重机结构设计的优化、材料疲劳寿命的预测及安全性能的提升开辟新的实践路径，可作为相关领域的科研学者和工作人员的参考用书。

作者在本书的写作过程中，参考引用了许多国内外学者的相关研究成果，也得到了许多专家和同行的帮助和支持，在此表示诚挚的感谢。由于作者的专业领域和实验环境所限，加之作者研究水平有限，本书难以做到全面系统，谬误之处在所难免，敬请同行和读者提出宝贵意见。

目 录

第1章

绪　论

1.1　课题背景及意义

重大机械装备长期工作在复杂环境下，金属结构和零部件力学性能逐渐退化，一旦发生事故，极易造成重大经济损失和人员伤亡。如过早对超出服役期的重大机械装备结构件或零部件进行更换，经济成本将会很高，反之过晚更换或维修，又极易导致重大事故的发生，所以对金属结构和零部件的寿命评估是非常重要且具有经济价值[1]。重大机械装备生产制造周期相对较长，如果零部件损坏后再提出更换要求，往往会耽误生产，也会造成很大的经济损失，对于一些关键零部件备件的储备，可以保障生产的持续性，正确预测重大机械装备的剩余寿命又可以为制定合理有效的备件制作计划和检修计划提供可靠的依据。而且由于制造、安装、加工等因素的偏差，导致机械设备在相同情况下，寿命的预测也会产生很大差异，所以如何针对工程实际情况，准确预测机械装备的寿命以及计算动态可靠度，是一项难度大又具有重大社会价值的工作，它是保障机械设备正常工作，减少事故发生的重要手段。

国家中长期规划（2006—2020年）将“重大产品、复杂系统和重大设施的可靠性、安全性和寿命预测技术”列为重要研究方向。回顾国家基础研究发展“十二五”专项规划，我国已经在可靠性、安全以及寿命预测技术取得了相当大的进展，在“十三五”专项规划内容中可以看到，针对这些研究，国家也继续强调这些工作对于国民经济的重要性。目前，随着新技术新材料的发展，机械设备性能也逐渐提高，新产品不断涌现。一方面，对于起重类设备，起重量越来越大，起升高度越来越高，减量化的趋势也要求金属结构越来越轻，金属结构一旦失效，其后果也更为严重；另一方面，对于已经服役多年进入老化阶段的起重机，应该在保证安全生产的前提下，尽可能地利用剩余阶段寿命。所以对设计阶段的机械设备寿命预测以及服役中的机械设备剩余寿命评估，对于我国可持续经济发展和节约型社会建设是一个十分重要和紧迫的课题。

1.2 铸造起重机工作特点以及主要研究内容

1.2.1 铸造起重机工作特点

铸造起重机主要用于现代化钢厂装卸和搬运钢水，减轻劳动强度，提高劳动生产率，是实现生产过程机械化和自动化不可缺少的重型机械设备。铸造起重机械是以间歇、重复工作方式，通过起重吊钩或其他吊具的起升、下降来运移重物的机械设备。其工作特点具有周期性。铸造起重机金属结构本身相比于通用桥式起重机，有着更为复杂的结构形式，通常采用六梁或八梁的结构形式，而且加载的同时还受到钢包中钢水的热辐射影响。从安全技术角度分析，可概括如下：

（1）造起重机械通常具有庞大的结构和比较复杂的结构，能完成一个起升运动、一个或几个水平运动。作业过程中，常常是几个不同方向的运动同时操作，技术难度较大。

（2）所吊运的重物基本为满载，工作级别高。一般起升载荷都在百吨以上，罐中熔融金属温度高达上千度，而且为液态，使吊运过程复杂而危险。

（3）铸造起重机械，需要在较大的范围内运行，活动空间较大，一旦造成事故，影响范围也较大，一旦出现吊装事故，后果极为严重。

（4）暴露的、活动的零部件较多，潜在许多偶发的危险因素。

（5）必须考虑钢水的热辐射对金属结构材料的力学性能的影响。

由于铸造起重机的工作级别非常高，通常为 A7～A8，所以铸造起重机失效模式必定以疲劳失效为主，对于桥架的损伤，同时包含疲劳损伤和轻微蠕变损伤。由于主梁、副主梁的应力状态及温度都不相同，因此必须针对桥架中主主梁、副主梁分别建立在不同温度、不同应力下的损伤退化模型，从而全面预测铸造起重机金属结构的寿命。

1.2.2 铸造起重机寿命评估主要研究内容

在铸造起重机工作工程中，随着加载次数的增加，结构的内部出现新的微观裂纹，已有的微观裂纹发展为宏观裂纹，导致结构的有效承载面积降低。当宏观裂纹出现时，由于裂纹尖端的应力集中现象，使得裂纹扩展速度加快，从而进一步削弱结构的承载能力。当结构出现宏观裂纹时，再用损伤力学预估结构寿命就不再适宜，所以对于结构全寿命评估而言，应分为两个阶段[2]，在宏观裂纹形成前用损伤力学方法评估第一阶段裂纹萌生寿命，而在出现宏观裂纹后，用断裂力学研究金属结构宏观裂纹扩展行为[3-4]，从而确定第二阶段裂纹扩展寿命。

1.3 疲劳寿命评估及动态可靠性国内外研究现状

1.3.1 疲劳寿命研究现状

1.3.1.1 基于应力的寿命预测方法（S-N 曲线方法）

基于应力的寿命预测方法是目前最常用的方法之一，在控制应力的疲劳试验中，将实验数据按照幂指数的形式进行拟合，Basquin 公式如式（1.1）。

$$S_a = \sigma_f'(N_f)^b \tag{1.1}$$

式中：σ_f' ——疲劳强度系数。

b ——疲劳强度指数，σ_f' 和 b 是与应力比、环境温度和加载条件相关的参数，可以由应力寿命拟合得到。

但在 Basquin 公式中并没有体现出材料的疲劳极限，虽然在工程中可以将 10^7 认为是疲劳破坏的临界载荷循环次数，但通过计算发现，按此循环次数 $N = 10^7$ 估算疲劳极限，结果往往过于安全，并不能真实的反映疲劳极限的数值。此后，weibull 在 Basquin 的基础上，将疲劳极限体现在应力寿命模型中。

$$N_f = S_f(S_a - S_{ae})^b \tag{1.2}$$

式中：S_{ae} ——理论疲劳极限。

S_f ——疲劳抗力系数。

b ——疲劳指数。

S_{ae}、S_f、b 为由试验数据拟合的参数，也称三参数法。

以上的方法都是通过光滑试件疲劳试验推得的结果，但工程实际中结构往往存在截面不连续而导致的应力集中作用，根据应力产生方式的不同，基于应力的寿命预测方法又可进一步分为名义应力法、热点应力法和缺口应力法等[5-12]。

1.3.1.2 基于应变的寿命预测方法（ε-N 曲线方法）

低周疲劳试验常采用应变控制的方式，疲劳试验实际应力往往超过屈服强度，能够尽可能地模拟结构中局部塑性变形区域的受力情况，如果采用应力控制的话，不同的材料可能会出现循环软化和循环硬化现象，循环应变往往很难控制。在应变寿命研究中，Coffin-Manson 公式[13-14]是经典的应变寿命计算模型：

$$\varepsilon_a = \varepsilon_{ea} + \varepsilon_{pa} = \frac{\sigma'_f}{E}(2N)^b + \varepsilon'_f(2N)^c \tag{1.3}$$

式中：σ'_f——疲劳强度系数。

ε'_f——疲劳延性系数。

b——疲劳强度指数。

c——疲劳延性指数。

ε_{ea}——疲劳应变幅。

ε_{pa}——塑性应变幅。

诸多国内外学者也对应变寿命分析做了很深入的研究[15-20]，而且在不同的领域和不同材料上得到了比较好的应用[21-27]。

1.3.1.3 基于损伤力学的寿命预测技术

连续损伤力学（Continuum Damage Mechanics，CDM）主要研究材料内部缺陷的产生和发展所引起的宏观力学效应及最终导致材料破坏的过程和规律。损伤的概念最初由 Kachanov[28]和 Rabotnov[29]引入，Lemaitre 等[30]将损伤概念用于低周疲劳研究，1974 年英国学者 Leckie[31]和瑞典学者 Hult[32]在蠕变的研究中将损伤理论的研究向前推进了一步。

在近20年中，Chaboche、Krajcinovic、Chandrakanth等国外学者以及杨新华、范志超、王勇、蒋家羚、肖迎春等国内学者，针对连续损伤力学的基本概念、方法做了大量工作，使其理论框架渐渐明晰充实起来，而且将其适用领域从最初的蠕变损伤，推广到对于弹性、塑性、粘弹性、脆性及疲劳等损伤现象的分析，使得损伤力学理论在近些年中得到快速发展。

研究损伤的基础方法分为细观方法和宏观方法。细观方法是根据材料的微细观成分（如基体、颗粒、空洞等）单独的力学行为以及它们的相互作用来建立宏观的考虑损伤的本构关系，从而给出完整的损伤力学问题提法。宏观方法即唯象学方法是以连续介质损伤力学的观点来研究材料的损伤破坏，它通过引入表征材料内部微细缺陷的损伤内变量，建立合适的损伤模型，在不可逆热力学和连续介质力学的均衡定律基础上导出材料本构关系，用损伤广义力表征微细缺陷损伤的作用和影响，建立唯象的损伤演变方程。近年来发展起来的基于细观的唯象损伤理论，则是介于上述两者之间的一种损伤力学理论，针对损伤不同的表现形式：脆性损伤、延性损伤、蠕变损伤、低周疲劳损伤、高周疲劳损伤等，国内外学者做出了许多努力，建立了很多针对不同问题的损伤模型，其中典型的损伤模型有：

1. Lemaitre损伤模型[33]

Lemaitre放弃了采用耗散势函数，由正交法得到损伤退化的动力学方程这一途径，而由应变等价假设，由实验出发，假设损伤退化方程的形式，得到：

$$\dot{D}=\left(\frac{-Y}{S_0}\right)^S\dot{p} \tag{1.4}$$

忽略弹性应变相对于塑性应变很小，得到：

$$\dot{p} = \left(\frac{2}{3} \dot{\varepsilon}_{ij}^{p} \dot{\varepsilon}_{ij}^{p} \right)^{1/2} = \left(\frac{2}{3} \dot{\varepsilon}_{ij} \dot{\varepsilon}_{ij} \right)^{1/2} \tag{1.5}$$

采用损伤材料的 Ramberg-Osgood 本构关系，即

$$\frac{\sigma_{eq}}{1-D} = Kp^{1/M} \tag{1.6}$$

得到损伤退化方程：

$$\dot{D} = \left\{ \frac{K^2}{2ES_0} \left[\frac{2}{3}(1+\mu) + 3(1-2\mu) \left(\frac{\sigma_m}{\sigma_{eq}} \right)^2 \right] p^{2/M} \right\}^S \dot{p} \tag{1.7}$$

该模型广泛应用于蠕变、疲劳以及蠕变–疲劳交互作用的情况。

2. Chaboche 非线性疲劳损伤模型[34]

$$\frac{\mathrm{d}D}{\mathrm{d}N} = [1-(1-D)^{B+1}]^{A(\sigma_M,\bar{\sigma})} \left[\frac{\sigma_M - \bar{\sigma}}{M(\bar{\sigma})(1-D)} \right]^B \tag{1.8}$$

式中：σ_M——最大应力（MPa）。

$\bar{\sigma}$——平均应力（MPa）。

B、$A(\sigma_M,\bar{\sigma})$、$(\bar{\sigma})$——与温度材料有关的常数，由疲劳试验拟合得到。

3. June 损伤模型[35]

June 假定 Chaboche 模型中参数 B 是与材料载荷应力比有关的参数，提出了下述模型：

$$\frac{\mathrm{d}D}{\mathrm{d}N} = \left[\frac{\alpha\sigma_a - (1-\alpha)\bar{\sigma}}{M(R)(1-D)} \right]^{n(R)} \tag{1.9}$$

式中：σ_a——应力半幅（MPa）。

R——应力比。

α、$M(R)$、$n(R)$——与温度材料有关的常数，由疲劳试验拟合得到。

4. 肖迎春脆性损伤模型[36]

肖迎春给出了不同应力比下，一维比例加载条件下的损伤退化模型，认为损伤模型中 $\overline{B}$ 是关于不同材料和加载条件一个关于状态变量的函数 $\overline{B}(\sigma_m,\sigma_{-1},D)$。

$$\begin{cases}\dfrac{\mathrm{d}D}{\mathrm{d}N}=\dfrac{\overline{B}}{q(1-D)^{2q}}(\sigma_{\max}^{2q}+\sigma_{\min}^{2q})\ R<0\\ \dfrac{\mathrm{d}D}{\mathrm{d}N}=\dfrac{\overline{B}}{q(1-D)^{2q}}(\sigma_{\max}^{2q}-\sigma_{\min}^{2q})\ \ R>0\end{cases} \tag{1.10}$$

5. Chandrakanth 损伤模型[37]

耗散势：

$$\varphi^{*}=\frac{1}{2}\frac{S_0\left(\dfrac{-Y}{S_0}\right)^2\dot{p}}{D^{a/n}p^{2/n}} \tag{1.11}$$

损伤速率为：

$$\dot{D}=\frac{(D_c^{a/n+2}-D_0^{a/n+2})}{(\varepsilon_{\mathrm{R}}-\varepsilon_0)}\left(\frac{n}{a+n}\right)f\left(\frac{\sigma_m}{\sigma_{eq}}\right)D^{-a/n}\dot{p} \tag{1.12}$$

损伤退化模型为：

$$D=[D_0^{a/n+2}+(D_c^{a/n+2}-D_0^{a/n+2})\left(\frac{pf\left(\dfrac{\sigma_m}{\sigma_{eq}}\right)-\varepsilon_0}{\varepsilon_{\mathrm{R}}-\varepsilon_0}\right)]^{1/(a/n+2)} \tag{1.13}$$

6. 杨新华损伤模型[38]

耗散势：

$$\varphi^{*}=\frac{Y^2}{2S_0}\frac{\Delta\dot{p}}{(1-N/N_f)^{(1-N_f\alpha)}} \tag{1.14}$$

损伤速率为：

$$\dot{D}=\frac{K^2 f\left(\frac{\sigma_m}{\sigma_{eq}}\right)}{2ES_0}\frac{\Delta p^{2M}}{(1-N/N_f)^{1-N_f a}}\Delta\dot{p} \tag{1.15}$$

损伤退化模型为：

$$D=1-(1-D_0)\left(1-\frac{N}{N_f}\right)^{N_f a} \tag{1.16}$$

式中：$\Delta\dot{p}$——每一循环的累积塑性应变范围。

a——有实验数据拟合出的材料参数。

7. 陈志平考虑疲劳-蠕变的综合损伤模型[39]

王勇在杨新华的损伤模型的基础上，用参数 β 代替 $N_f a$，表征损伤的程度。陈志平将应力与温度拟合到参数 $\beta(\sigma,T)$ 中，在此基础上，陈志平等学者将疲劳-蠕变统一考虑到一个损伤模型中。首先对下式积分：

$$\dot{D}=\frac{K^2 R_V}{2ES_0}\frac{\Delta r^{2M}}{(1-N/N_f)^{1-\beta(\sigma,T)}}\Delta\dot{r} \tag{1.17}$$

积分上下限取为：$D|_{N=0}=D_{f_0}$，$D|_{N=N_f}=D_{ff}$，D_{f_0} 和 D_{ff} 分别代表疲劳条件下的初始损伤和失效损伤。积分结果如下：

$$D_f=D_{ff}-(D_{ff}-D_{f_0})(1-N/N_f)^{\beta(\sigma,T)} \tag{1.18}$$

再对下式积分

$$\dot{D}=\left[\frac{\sigma}{A(1-D)}\right]^m (1-D)^{m-k(\sigma,T)} \tag{1.19}$$

积分上下限取为：$D|_{t=0}=D_{c_0}$，$D|_{t=t_c}=D_{cc}$，D_{c_0} 和 D_{cc} 分别代表蠕变条件下的初始损伤和失效损伤，t_c 为蠕变失效时间.积分结果如下：

$$D_c=D_{cc}-(D_{cc}-D_{c_0})(1-t/tc)^{1/[k(\sigma,T)+1]} \tag{1.20}$$

并用 $a(\sigma,T)$ 代替 $1/[k(\sigma,T)+1]$，可得下式：

$$D_c=D_{cc}-(D_{cc}-D_{c_0})[(1-N/N_c)]^{\alpha(\sigma,T)} \tag{1.21}$$

将D_f和D_c相加，得到：

$$D = D_{ff} + D_{cc} - [(D_{ff} - D_{f0})[(1 - N / N_f)]^{\beta(\sigma,T)} + (D_{cc} - D_{c_0})[(1 - N / N_c)]^{\alpha(\sigma,T)} \tag{1.22}$$

其中D_{ff}+D_{cc}=1，表示失效破坏时损伤为 1；$D_{fo} + D_{co} = D_o$，表示初始损伤为D_o，最终得出疲劳-蠕变综合损伤模型。

$$D = 1 - (1 - D_o)(1 - N / N_D)^{q(\sigma,T)} \tag{1.23}$$

虽然陈志平推导出了蠕变-疲劳综合损伤模型，但在损伤模型中。并没有明确给出N_D推导过程，N_D本身就应该是关于σ与温度T的函数。基于weibull的三参数疲劳公式的基础上，上式应该调整为：

$$\begin{aligned} D &= 1 - (1 - D_o)\left[1 - \frac{N}{N_f(\sigma,T)}\right]^{q(\sigma,T)} \\ &= 1 - (1 - D_o)\left\{1 - \frac{N}{S_f(T,\sigma)[S_a - S_{ae}(T)]^{\beta(T,\sigma)}}\right\}^{q(\sigma,T)} \end{aligned} \tag{1.24}$$

8. 基于断裂力学的疲劳裂纹扩展理论

1921 年 Griffith[40]从能量角度出发提出了关于裂纹体的强度理论，为断裂力学的发展奠定了基础。Irwin[41]在 Griffith 理论的基础上，利用应力强度因子定量的给出了线弹性裂纹尖端应力场和裂纹扩展驱动力的表达式。之后 Paris[42]将应力强度因子 K 与疲劳裂纹的扩展速率联系起来，随后，Paris 又提出疲劳裂纹扩展速率可以用应力强度因子范围$1 - D = \tilde{A} / A$进行描述，并提出了著名的 Paris 公式[43]：

$$\frac{\mathrm{d}a}{\mathrm{d}N} = C(\Delta K)^m \tag{1.25}$$

式中：$1 - D = \tilde{A} / A$——应力强度因子范围，$\mathrm{MPa}\sqrt{\mathrm{m}}$。

C, m——常数，与材料的微观组织、载荷频率、环境、温度、应力比等有关。

对 Paris 公式进行积分，即可得到从初始裂纹尺寸到临界裂纹尺寸的寿命，为工程中的结构失效提供了非常便捷的方法。在 Elber 等学者[44-46]的研究中发现，平均应力对裂纹扩展速率有很大影响，但在 Paris 公式中，并不能体现出平均应力对于裂纹扩展速率的影响，而且当裂纹尖端的应力强度因子接近临界值 K_C 时的加速扩展效应，也不能在 Paris 公式中体现。考虑到这些原因，Forman[47]对 Paris 公式做了修正：

$$\frac{\mathrm{d}a}{\mathrm{d}N}=\frac{C(\Delta K)^n}{(1-R)K_C-\Delta K} \tag{1.26}$$

在 Forman 公式中引入了两个参数，应力比 R 和材料的断裂韧性 K_C，同时能够体现平均应力和加速扩展效应对裂纹扩展速率的影响，但 Forman 公式也有应用的局限性，对于一些高韧性材料的 K_C 难以准确测定，所以只能适用于一些高硬度合金材料，这就给 Forman 公式的使用带来不便。

Walker[48]在 Paris 公式的基础上也做了进一步的修正：

$$\frac{\mathrm{d}a}{\mathrm{d}N}=\begin{cases}C(\Delta K(1-R)^m)^n & R\geqslant 0\\ C(K_{\max}(1-R)^m)^n & R<0\end{cases} \tag{1.27}$$

式中：m, n, C——与材料和介质有关的常数。

$K_{\max}$——最大载荷时的应力强度因子。

Walker 将 a_0 定义为有效应力强度因子，当 $m=1$ 时，Walker 公式与 Paris 公式完全一致，可以将 Paris 公式看作是 Walker 公式的一种特殊形式。

Elber 考虑了有效应力强度因子幅 K_{eff} 的影响，描述了裂纹闭合现象，对裂纹扩展加速和迟滞现象做出了初步解释。

$$\frac{\mathrm{d}a}{\mathrm{d}N}=C(\Delta K_{\mathrm{eff}})^m \tag{1.28}$$

Willenberg 考虑了裂纹高载迟滞效应，可以估计迟滞期间的裂纹扩展速率，进而预测裂纹疲劳扩展寿命。

$$\frac{\mathrm{d}a}{\mathrm{d}N}=\frac{C(\Delta K_{\mathrm{eff}})^m}{(1-R_{\mathrm{eff}})K_C-\Delta K_{\mathrm{eff}}} \tag{1.29}$$

同时，还有诸多学者通过疲劳试验，研究了不同试验条件（温度、加载频率）对于裂纹扩展的影响。Jeglic[49]在分析温度对裂纹扩展的研究中，指出高温条件下裂纹扩展是一种具有体扩散机制的热激活过程，C、n 应该是激活能的函数。在这种假设下，给出裂纹扩展速率的表达式为：

$$\frac{\mathrm{d}a}{\mathrm{d}N}=C_1(\Delta K)^n\exp-\left[\frac{Q_0-C_2\ln\Delta K}{RT}\right] \tag{1.30}$$

式中：C_1、C_2——材料常数。

T——绝对温度。

R——气体普适常数。

Q_0——体扩散激活势垒。

但 Jeglic 的裂纹扩展模型对于不同的材料在高温情况下还缺乏一定得普遍性，Yokobori、Radhakrishnan、James、张芳、王莺[50-58]等学者也从不同角度分析了不同材料在高温下的裂纹扩展行为，目前对于高温情况下的裂纹扩展研究还有待进一步的研究。Solomon、陈建桥[59-63]等学者则研究了加载频率和裂纹扩展行为之间的关系，讨论了应力强度因子范围 ΔK 在不同数值时，加载频率对裂纹扩展速率的影响。

1.3.2 结构动态可靠性的研究现状

疲劳、磨损和腐蚀是机械设备结构主要的失效模式，随着机械设备工作时间延长，结构的可靠性将会逐渐退化，而且由于机械设备用途不同，导致工作条件有很大差异，不同工作条件对机械设备结构的可靠性也会产生非常大的影响。以往，大多数对于机械设备结构的可靠性评估仅是计算静态可靠度，但随着机械设备服役时间的延长，结构可靠度必然会发生变化，所以建立起一种能够正确评估结构的动态可靠度计算方法尤为重要。

疲劳、磨损和腐蚀本身就是与时间相关函数，所以在机械设备结构可靠性评估中，必须要考虑时间对机械设备结构可靠性的影响。在静态的可靠度计算中，只是考虑载荷作用一次时的失效问题，而动态可靠性还要考虑机械设备结构失效时间。应力强度干涉理论是现在计算可靠度最常用的方法，传统的可靠性计算只是将应力和强度作为随机变量进行研究，但在循环载荷以及外界环境作用下，结构的强度必然随工作时间延长而发生退化。近些年来，国内外诸多学者从不同角度研究结构以及系统的动态可靠性问题。SALVATORE 等[64-65]研究了动态载荷情况下的可靠性分析，但没有从根本上考虑强度和载荷随时间变化的问题。吕震宙、张义民和谢里阳[66-68]等人的动态可靠性分析模型，理论上非常严谨，但物理意义不是很明确。Cazuguel[69]等分析了非线性结构行为的动态可靠性，在许亮斌[70-71]的研究中，将循环载荷服从泊松，结合物理失效模式，对动态可靠性工程应用提供了新的思路。唐继武[72]研究了等幅载荷在多次作用下的可靠性计算，但是只能解决实际工程中等幅载荷的可靠性计算问题，但在实际中，很难获得强度退化的规律，所以该方法还需进一步研究。

回顾近年的动态可靠性研究工作可以发现，目前的研究重点主要是两个方面：一方面是动态可靠性模型的建立，另一方面是如何获得在不同环境下材料的强度退化曲线，将两者结合在一起，能够将结构动态可靠性分析更好地应用到实际工程中。

1.4 课题来源

本研究得到“十二五”国家科技支撑计划课题《基于风险的机电类特种设备事故预防关键技术研究》（2011BAK06B056-01）和国家自然科学基金资助项目（51275329）的资助。

1.5 课题研究目标、研究内容和拟解决的关键性问题

1.5.1 研究目标

由于铸造起重机级别一般较高，通常达到 A7～A8，所以铸造起重机主要失效模式以疲劳破坏为主，而且铸造起重机金属结构加载的同时，还受到钢包中的钢水热辐射的影响，所以对中温环境下的铸造起重机金属结构进行寿命预测以及动态可靠度计算有着重要意义。结合现有的损伤力学、断裂力学和可靠性基础计算方法，研究起重机金属结构在复杂应力状态以及中温环境下的寿命计算以及动态可靠性问题，提出一种适用于实际工程的寿命预测评估方法和动态可靠性计算方法。

1.5.2 研究内容

虽然对于裂纹的研究已经广泛应用起重机剩余寿命中，但在研究裂纹的断裂力学中首先是假设材料或构件中存在裂纹，同时材料内部的缺陷不能完全简化成一个或若干个宏观裂纹。所以对于结构全寿命而言，应该是裂纹萌生阶段寿命与裂纹扩展寿命之和。对于起重机金属结构的危险截面的危险点处，如果存在严重的应力集中或是有表面缺陷时，萌生阶段寿命较短，但对于属于特种设备的起重机，尤其是铸造起重机，对于金属结构的质量控制是非常严格的，对于危险截面的危险点处的加工质量有着严格的要求。在这种加工情况下，裂纹萌生阶段的寿命占总寿命的比重就相当大了，裂纹萌生阶段寿命的评估就尤其重要了。当出现宏观裂纹的时候再开始评估铸造起重机金属结构寿命的话，对于预测事故的发生就会为时已晚。在此背景下，将连续损伤力学方法应用到铸造起重机金属结构的裂纹萌生阶段评估，再结合断裂力学评估起铸造重

机金属结构裂纹扩展阶段的后期寿命，最后将损伤力学理论应用于铸造起重机金属结构的动态可靠性计算。每章具体研究内容如下：

第 1 章介绍了寿命计算方法和动态可靠性研究的现状以及本研究的目的和意义。

第 2 章介绍了在中温环境下的低周疲劳试验材料和试验条件，实验分为两部分，分别在 20 ℃、150 ℃、250 ℃、300 ℃、320 ℃、350 ℃、400 ℃温度下进行两部分试验：第一部分为静拉伸试验，第二部分为用于分析损伤的中温应力控制疲劳试验，然后通过实验数据分析温度对于 Q345B 钢力学性能以及疲劳行为的影响。

第 3 章通过不同温度下应力控制疲劳试验数据，以三参数的应力寿命方法进行拟合，拟合出 Q345B 钢在不同温度下的最大应力与寿命函数关系式，以及平均应力修正后的应力寿命函数关系式，然后将温度分别拟合到考虑应力安全系数后疲劳抗力系数、疲劳指数与疲劳极限参数中，最终推导出包含温度变量 T 的 Q345B 钢中温疲劳设计曲线。

第 4 章通过应力控制疲劳试验数据，在已经推导出的损伤退化模型的基础上，分别拟合出在不同温度以及不同应力状态下损伤退化模型中的待定参数，将不同试验状态拟合出的损伤指数 q 与温度进行拟合，最终推导出体现温度和应力状态的疲劳损伤模型。

第 5 章对 140/40T 铸造起重机桥架进行三维建模有限元分析以及热力学分析，在损伤力学理论的基础上，研究铸造起重机主梁和副主梁跨中截面在循环载荷加载中的应力场变化情况，然后通过有限元仿真的方法分别计算出主主梁和副主梁的裂纹萌生阶段寿命。

第 6 章通过不同温度下 Q345B 钢的裂纹扩展实验，分析环境温度对 Q345B 钢裂纹扩展行为的影响，得出了环境温度对 Paris 公式中的参数 C 和 m 的变化规律，分析了铸造起重机桥架金属结构在中温环境下的裂纹扩展过程。

第 7 章分别针对不同温度（20 ℃、150 ℃、250 ℃、320 ℃、400 ℃），

对拉伸疲劳试验的螺纹杆件试样断口进行电镜扫描分析。

第 8 章结合传统可靠性计算方法与损伤力学理论，总结出一种基于损伤力学的动态可靠性计算方法，用以研究在循环应力状态下的结构动态可靠性问题。运用应力强度干涉模型，忽略侵蚀老化对强度退化的影响，仅考虑损伤的变化导致有效应力增加，将强度作为随机变量，应力作为随加载次数变化的随机变量，结合疲劳实验以及抽样仿真的方法，模拟出铸造起重机吊钩上横梁在不同条件下的动态可靠度退化曲线。

第 9 章对全文进行总结，对今后的工作提出展望、建议以及创新点。

1.5.3 拟解决的关键性问题

（1）通过不同温度下的应力寿命数据，按照三参数应力寿命模型进行拟合，讨论环境温度对疲劳抗力系数、疲劳指数与疲劳极限的影响。

（2）选取合适的损伤变量，有两种比较好的方式，一种是弹性模量或弹性模量的割线模量的变化作为损伤变量，另一种是应变能密度的变化作为损伤变量。除了这两种常见的损伤变量的选取，还可以将轴向平均应变的变化作为损伤变量。

（3）通过不同温度以及不同应力状态下试验参数，分别拟合出不同试验条件下的损伤退化模型中相应的待定参数，研究温度对损伤指数的影响。

（4）当循环进行到寿命后期时，疲劳损伤迅速增加，表明损伤开始局部化，宏观裂纹开始形成，通过实验数据拟合的损伤退化模型，确定临界损伤 D_c，计算达到临界损伤时的循环次数，即为裂纹萌生阶段寿命，将此方法应用到起重机金属结构中，预估起重机宏观裂纹产生的时间，作为评估起重机金属结构的前期寿命的依据。

（5）在损伤退化模型确定的基础上，对铸造起重机桥架进行有限元建模，结合损伤力学与有限元仿真方法，计算起重机金属结构在温度场下的裂纹萌生阶段寿命。

（6）通过标准 CT 试件在不同温度下的裂纹扩展试验数据，研究温度对于 Paris 公式中参数 C 与 m 的影响，并分析实际工程中裂纹扩展行为。

（7）对不同温度的疲劳拉伸试件断口进行电镜扫描分析，通过试件的断口形貌特征，分析温度对 Q345B 钢疲劳断裂抗力、疲劳断裂机理的影响。

（8）在传统强度干涉理论的基础上，用损伤模型描述应力随加载次数的变化趋势，采用计算机仿真的方法，计算出金属结构的动态可靠度。

第2章

环境温度对Q345B钢疲劳行为的影响

铸造起重机金属结构的寿命评估问题一直是工程界研究的难题，由于铸造起重机在高于常温的环境下工作，所以研究铸造起重机的疲劳行为，就必须研究 Q345B 钢在中温环境下的疲劳行为。通常铸造起重机桥架金属结构温度在400 ℃以内，故本章试验针对Q345B钢，测试了材料在 400 ℃以内，不同温度下的简单拉伸性能和拉伸疲劳性能。

2.1 试件材料及试件形式

材料为 Q345B 低合金结构钢，其化学成分见表 2.1。

表 2.1 Q345B 钢的化学成分

C	Si	Mn	P	S	V	Nb	Al	Cr
0.18	0.40	1.45	0.020	0.022	0.021	＜0.015	＜0.008	＜0.015

热处理状态为热轧态，其室温及中温力学性能见表 2.2。

表 2.2　Q345B 钢在不同温度拉伸性能表

温度 T	$E/10^5$MPa	σ_s / MPa	σ_b / MPa	延伸率 δ / %	断面收缩率 ψ / %
20 ℃	2.07	337	519	15.6	58.3
150 ℃	1.91	325	531	14.5	63.5
250 ℃	1.97	313	537	12.4	65.2
300 ℃	1.98	316	542	11.7	56.3
320 ℃	2.01	318	568	9.4	79.1
350 ℃	1.87	307	539	12.1	60.2
400 ℃	1.81	292	526	16.9	66.7

试件根据疲劳试验机中温疲劳试验的要求，采用螺纹夹持的圆棒试样，具体尺寸参数如图 2.1 所示。

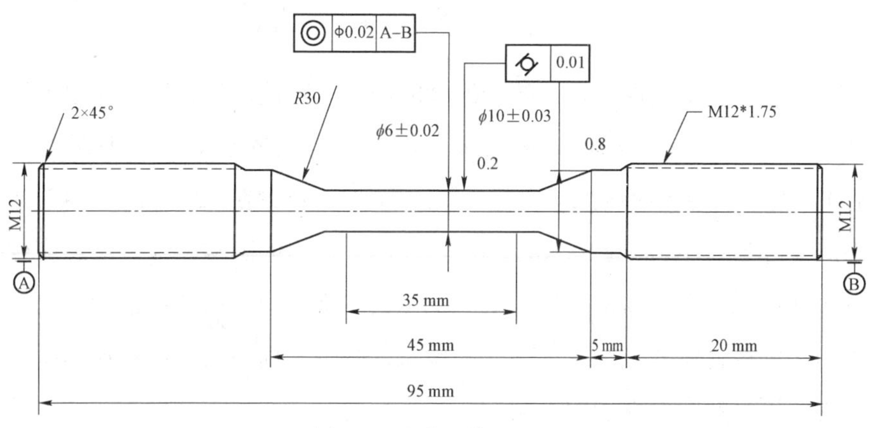

图 2.1　疲劳试件示意图

2.2　温度对 Q345B 钢的力学性能影响

静拉伸试验按照《金属高温拉伸试验方法》(GB 4338—84) [73]执行。

测得单调拉伸性能见表 2.2。

试验机：采用长春机械科学研究院有限公司 SDS-100 型显微成像电液伺服动静试验机，拉伸速率为 0.6 mm/min，如图 2.2 所示。

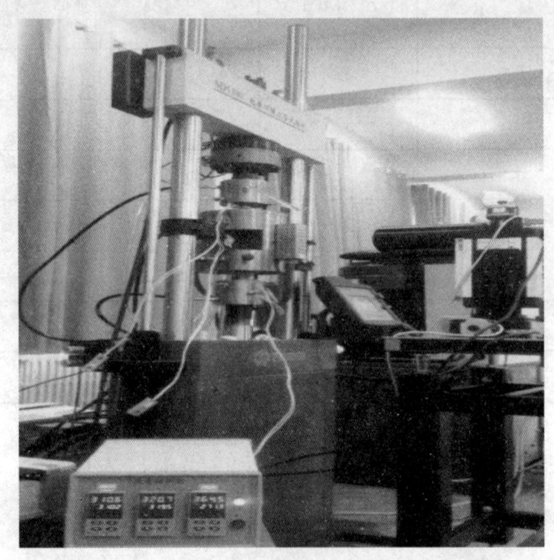

图 2.2　显微观察电液伺服动静试验机（SDS-100）

分析表 2.2 数据可知，随着温度的增加，弹性模量、屈服极限均呈现出下降的趋势，Q345B 钢抵抗变形的能力也逐渐降低，但温度在 320 ℃时，强度极限达到最大值，原因为 Q345B 钢在 320 ℃时，由于动态应变时效（Dynamic Strain Aging，DSA）作用的影响，经过动态应变时效处理后会产生高密度的稳定三维位错网络结构，增加位错和运动的阻力，使得材料本身出现了强化的现象，减轻了局部的塑性变形和棘轮行为对于材料力学性能的影响。

分析在不同温度下的简单拉伸试验应力应变曲线，如图 2.3 所示，在室温下 Q345B 钢有明显的屈服平台，但随着温度的升高，屈服平台逐渐变短，原因是 Q345B 钢晶界温度升高，由室温下的硬脆性逐渐转换为软粘性，材料容易以滑移方式进行的，使材料临界抗切应力降低，直观上就表现为屈服极限的降低以及屈服平台变短，虽然屈服强度在 320 ℃

时有所波动，但随着温度的升高，总体呈现出下降的趋势。

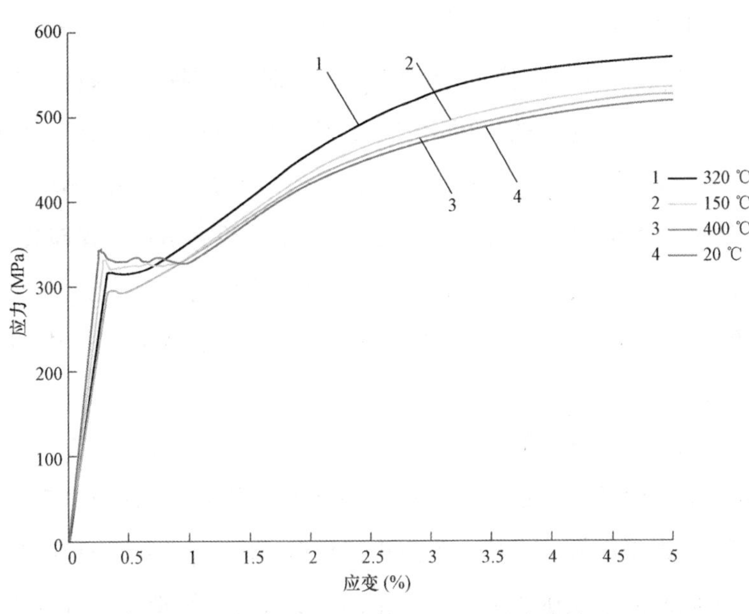

图 2.3　不同温度拉伸试验应力应变曲线

2.3　不同温度（20～400 ℃）拉伸疲劳试验

铸造起重机在工作过程，受钢水热辐射，金属结构长期工作在高于常温的状态下，联系实际工作情况，进行了 Q345B 钢在不同温度下的应力控制下的疲劳试验，分析温度对于应力控制疲劳试验的影响。为了避免应力控制的低周疲劳试验中，试验数据容易出不稳定的情况，在疲劳拉伸试验之前，采取小应力幅状态下的预循环 2 000 次，以此来获得稳定的低周疲劳数据[74]，此次疲劳试验严格按《金属材料轴向等幅低循环疲劳试验方法》（GB/T 15248—94）[75]执行。

试验机：采用长春机械科学研究院有限公司 SDS-100 型显微成像电液伺服动静试验机。

引伸计：美国 EPSILON 公司 Model3448 高温轴向引伸计，最高使用温度为 1 200 ℃。

控制方式：高温情况下，当寿命后期的时候，应变速率将会变大，极易导致夹持式引伸计的损坏，较难实现应变控制，本次试验采用应力控制方法。实际上，某些结构或零件在工作中承受着一定的循环载荷作用，如铸造起重机起升机构从钢包加入钢水，然后到指定位置卸载一次，金属结构长期受到循环应力的影响，最终导致疲劳裂纹的产生。联系实际情况，应力控制下的疲劳试验更能体现起重机实际工作中的疲劳行为。

应力比：此次试验的疲劳试件的长细比比较大，而且在应力控制下的低周疲劳试验的应力值都高于 Q345B 的屈服极限，试样会出现较大的塑性变形，现采用螺纹夹持，为防止试样在压应力作用下失稳以及可能发生的控制应力不精确，采用脉动循环。实际上，铸造起重机桥架金属结构所受到的循环应力特性就是脉动循环，平均应力的影响对于铸造起重机金属结构是普遍存在的，因此，脉动循环疲劳试验更能反映铸造起重机工作中的实际使用情况。

载荷波形：一般情况下，在控制应变试验过程中，三角波能保持应变速率在整个拉伸和压缩过程中保持不变，其迟滞徊线具有明显的尖顶，故采用三角波形。

温度控制：本次试验采用不锈钢外壳高温试验大气炉，温度范围：200～1 000 ℃，均热带：50 mm，温度梯度：3 ℃，温度波动度：±2 ℃，炉膛尺寸：Φ50 × 200 mm，加热方式：三段加热，炉壳温度低于 80 ℃，疲劳试验开始前，将试样放置在加热炉内超过 30 分钟，使试样充分热膨胀。

环境：实验室大气。

加载频率：拉伸疲劳试验中采用的频率为 2 Hz。

2.3.1　不同试验条件下的应力控制疲劳试验数据

此次疲劳试验进行了不同应力幅值（420～480 MPa）、不同环境温度下（20～400 ℃）应力控制的疲劳试验，每个温度共进行 5 组不同循环应力状态的应力控制疲劳试验。疲劳试验前先进行高频预循环，预循环的最大应力一般低于各个温度时的屈服极限，以获得稳定的试验结果。试验结果见表 2.3，其中 N_f 为试件的疲劳断裂寿命。

表 2.3　不同温度以及不同循环应力下的应力控制疲劳试验数据

试件	温度/℃	σ_{max} / MPa	σ_{min} / MPa	f / Hz	R	N_f
L1-1	20	420	0	5	0	117 418
L1-2	20	440	0	5	0	62 513
L1-3	20	460	0	5	0	31 023
L1-4	20	470	0	5	0	13 057
L1-5	20	480	0	5	0	2 576
L2-1	150	420	0	5	0	171 087
L2-2	150	440	0	5	0	107 816
L2-3	150	460	0	5	0	57 781
L2-4	150	470	0	5	0	26 365
L2-5	150	480	0	5	0	5 726
L3-1	250	420	0	5	0	254 162
L3-2	250	440	0	5	0	166 478
L3-3	250	460	0	5	0	86 127
L3-4	250	470	0	5	0	37 061
L3-5	250	480	0	5	0	11 522
L4-1	300	420	0	5	0	290 175
L4-2	300	440	0	5	0	242 116
L4-3	300	460	0	5	0	177 545

续表

试件	温度/℃	σ_{max} / MPa	σ_{min} / MPa	f / Hz	R	N_f
L4-4	300	470	0	5	0	96 386
L4-5	300	480	0	5	0	42 352
L5-1	320	420	0	5	0	313 251
L5-2	320	440	0	5	0	266 813
L5-3	320	460	0	5	0	206 324
L5-4	320	470	0	5	0	116 957
L5-5	320	480	0	5	0	53 827
L6-1	350	420	0	5	0	267 087
L6-2	350	440	0	5	0	226 816
L6-3	350	460	0	5	0	147 557
L6-4	350	470	0	5	0	72 644
L6-5	350	480	0	5	0	31 261
L7-1	400	420	0	5	0	136 743
L7-2	400	440	0	5	0	95 498
L7-3	400	460	0	5	0	55 531
L7-4	400	470	0	5	0	24 765
L7-5	400	480	0	5	0	4 512

2.3.2 不同环境温度下应变范围和平均应变的变化规律

疲劳试验的控制方式为应力控制，根据引伸计测量的应变数据，就可以分析出 Q345B 钢在不同条件下的循环特性。分析应变范围 $\Delta\varepsilon$ 的变化，可以得到 Q345B 钢在不同条件下的软化或硬化特性。分析平均应变 ε_m 的变化，可以得到 Q345B 钢随循环加载的退化过程。应变范围 $\Delta\varepsilon$ 可由每次载荷循环中最大应变值与最小应变值差求出，平均应变 ε_m 为每次载荷循环中最大应变值与最小应变值之和的一半。

图 2.4 为不同温度的应变范围变化规律，从图中可以看出，当环境温度变化时，应变范围的变化规律也不相同，并不是随温度呈现单调的变化趋势，在温度为 320 ℃时，循环初期应变范围迅速下降，当循环次数达到 2 371 次，应变范围迅速从 0.293%下降到 0.265 6%，出现循环硬化现象。而其他温度应变范围都呈现出上升的趋势，出现循环软化现象，尤其当温度为 20 ℃，循环达到 3 968 次时，应变范围已经达到 0.368%。

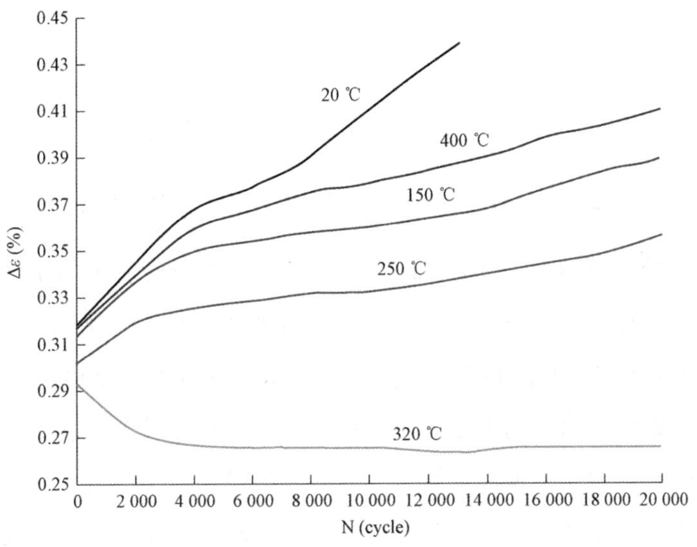

图 2.4　0～470 MPa 时不同温度的应变范围变化规律图

图 2.5 为不同温度的平均应变变化规律，从图中可以看出，当温度为 300 ℃、320 ℃和 350 ℃时，从平均应变曲线中可以看出，三条曲线都经历了三个过程，即初期平均应变速率快速增长区、平均应变速率稳定区和平均应变速率快速增长区，尤其在 320 ℃时，在循环到 10 601 次，材料此时已经萌生了裂纹，平均应变速率才逐渐增大，而其他温度的疲劳试件应变速率直到发生断裂仍未稳定。

在研究动态应变时效作用之前，首先需要分析材料在平均应力的作用下的棘轮行为，棘轮行为是在非对称应力循环下产生的塑性应变累积，

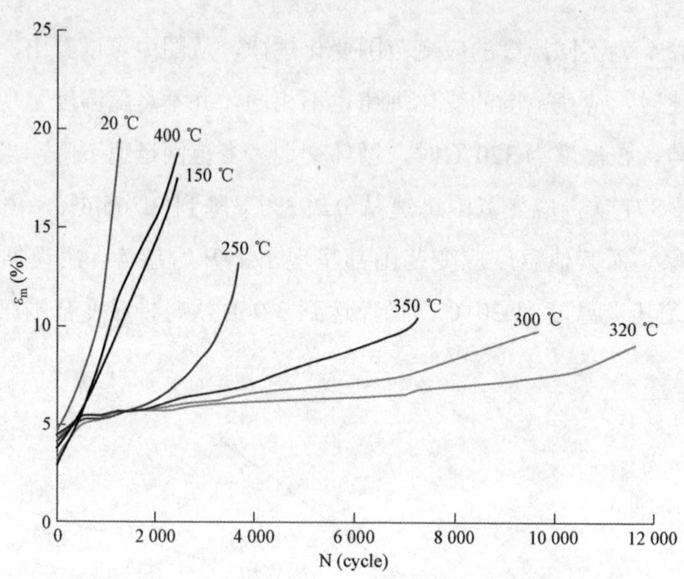

图 2.5　0～470 MPa 时不同温度的平均应变变化规律图

杨显杰[76-77]、康国政[78-79]、Hassan[80-81]等学者对棘轮行为做了非常深入的研究，李超等学者[82-84]用动态应变时机理效很好地解释了棘轮行为，在诸多文献[85-90]的分析结果中验证了动态应变时效对于棘轮行为有着非常大的影响。由于动态应变时效的作用，材料在某个温度下的疲劳强度和棘轮行为相比于偏离动态应变时效温度时，有了非常大的改善。材料在动态应变时效强化显著的温度下，经过动态应变时效作用处理后会产生高密度的稳定三维位错网络结构，增加了晶体间位错和运动的阻力，提高了基体的抗力能力，阻止了局部的塑性变形，很大程度上阻止了疲劳裂纹的萌生以及扩展[91-93]。

在图 2.4 中可以看到，Q345B 钢在 320 ℃出现了循环硬化现象，用动态应变时效行为也可以很好地解释这一现象，而且在 Tsuzaki[88]和 Armas[94-95]的研究中，材料在循环加载的过程中也出现了循环硬化现象。分析图 2.4 平均应变曲线，当温度为 320 ℃时，循环了 10 601 次才到达平均应变速率快速增长区。同时，动态应变时效作用还缓解了裂纹尖端应力集中现象，提高裂纹尖端塑性钝化的作用，降低了裂纹扩展速率。

从图 2.5 平均应变曲线中也可以看到，虽然在平均应变速率快速增长区可能已经产生裂纹，但由于动态应变时效的作用，使得裂纹的扩展速率低于其他温度，最终表现为温度在 320 ℃时的平均应变速率快速增长区的平均应变变化速率明显低于其他温度的平均应变速率。

2.3.3　不同应力条件下的平均应变的变化规律

对于应力控制下的脉动疲劳试验，在循环过程中保持循环应力不变，平均应变会随着平均应力的方向逐渐增加，这是由于渐增性循环塑性应变累积的结果，这就是材料在非对称循环应力下的棘轮行为，这种行为与材料的软硬特性、循环应力和温度有关。如果材料呈现出软化特性，材料的应变范围会随着循环加载过程不断增加，而且由于循环蠕变而使平均应变朝着最大延性的方向逐渐递增。材料如果呈现出硬化特性，会缓解棘轮行为，但随着加载应力的增大，循环蠕变速率也会变大。图 2.6、图 2.7、图 2.8 和图 2.9 分别为温度 20 ℃、150 ℃、320 ℃和 400 ℃下不同最大循环应力的平均应变变化曲线。

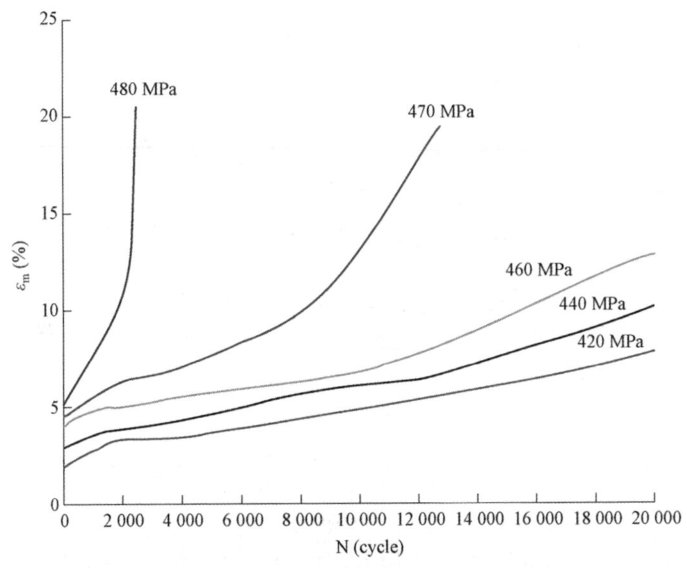

图 2.6　环境温度 20 ℃下不同最大循环应力平均应变变化规律图

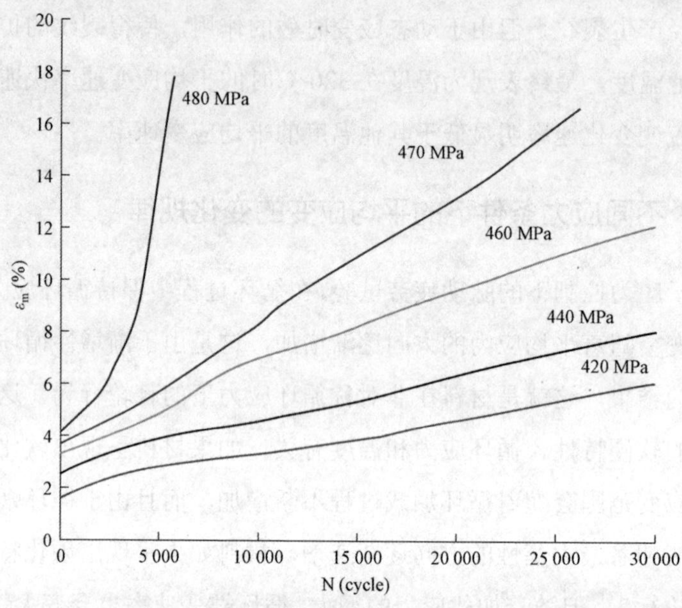

图 2.7　环境温度 150 ℃下不同最大循环应力平均应变变化规律图

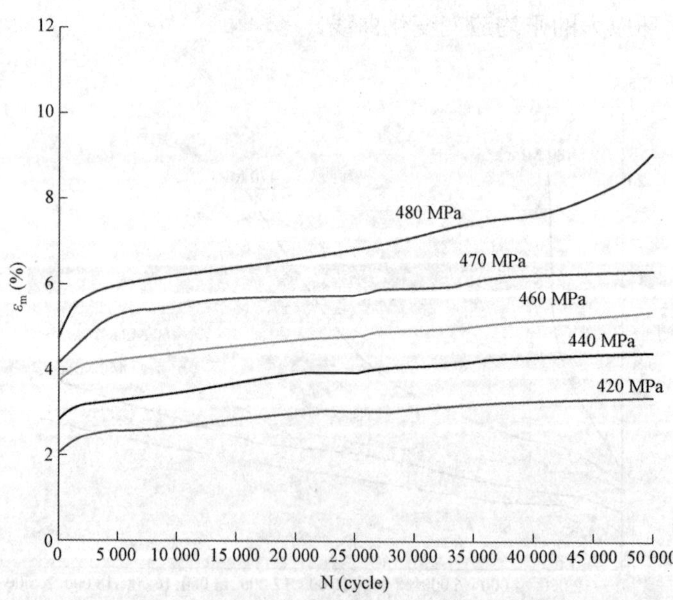

图 2.8　环境温度 320 ℃下不同最大循环应力平均应变变化规律图

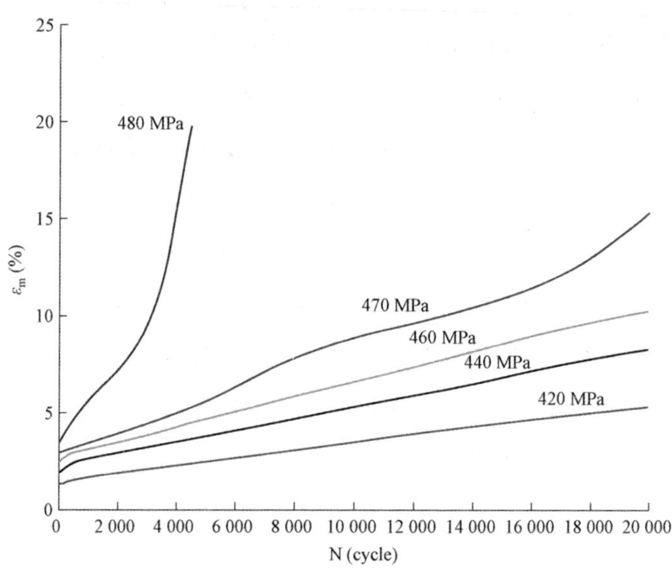

图 2.9　环境温度 400 ℃下不同最大循环应力平均应变变化规律图

从图 2.6、图 2.7、图 2.8 和图 2.9 可以看到，应力水平越高，平均应变速率越大，导致平均应变也增大。在温度 320 ℃时，由于材料的循环硬化现象，平均应变速率小于其他温度，但是当最大循环应力达到 480 MPa 时，应变速率也明显增大，直到循环了 46 300 次左右时，平均应变最终仍未达到稳定，最后直接到达了平均应变速率快速增长区，而且平均应变速率稳定区的应变速率也明显高于该温度下其他应力条件下的应变速率。

2.4　本章小结

（1）随着温度的增加，弹性模量、屈服极限均呈现出下降的趋势，而且温度越高屈服平台变得越短，但强度极限却在 320 ℃的时候达到最大值，室温下的强度极限与 400 ℃时相差不大。

（2）从试验中疲劳寿命 N_f、平均应变 ε_m 和应变范围 $\Delta\varepsilon$ 的变化规律

可以看到，320 ℃为 Q345B 钢动态应变时效的强化温度。

（3）Q345B 钢在 320 ℃时出现循环硬化现象，在其他温度出现循环软化现象，尤其在 20 ℃和 400 ℃时循环软化现象最为明显。

（4）当温度为 320 ℃时，平均应变速率最低，在 320 ℃、300 ℃和 350 ℃都有着明显的初期平均应变速率快速增长区、平均应变速率稳定区和平均应变速率快速增长区，在 20 ℃、150 ℃、250 ℃和 400 ℃时，直到最后时间断裂，平均应变速率最终仍未达到稳定状态。

（5）当温度为 320 ℃、300 ℃和 350 ℃时，在循环寿命的后期平均应变速率快速增大，很有可能是已经产生裂纹的原因。

（6）提高应力水平，会使平均应变速率和平均应变增大。

第3章

Q345B 钢中温环境下的疲劳寿命预测

目前针对 Q345B 钢的寿命预测大多数是在常温下进行的，如果通过常温疲劳试验数据估算中温疲劳寿命，误差将会很大。在正常情况下，随着环境温度的升高，金属材料的力学性能将发生比较大的变化，材料的强度极限和屈服强度都会有一定程度的降低。但对于某些材料，比如一些低合金钢（Q345B、16MnR 等），不锈钢（316L、304、55304、15Cr15Ni2.5Mo 等），由于动态应变时效的作用，导致疲劳强度在一定温度范围相比于常温反而会提高，而且强度极限也会出现波动，甚至超过常温下的强度极限，一旦超出该温度范围时，材料的疲劳强度和强度极限又出现明显的下降趋势，因此环境温度对材料的力学性能的影响很大，而且不同的材料在高于常温下的力学性能也有很大差异。

3.1 应力疲劳公式

应力疲劳（S-N）曲线是通过应力控制的疲劳试验，将不同循环应力及其对应的疲劳寿命数据进行整理，按照幂指数的形式，拟合出构件在不同应力下的疲劳曲线。在得到不同材料的 S-N 曲线前提下，按照临界循环次数（$N=10^7$）估算疲劳极限。疲劳极限是衡量材料疲劳性能的重要参数[96]，而且在工程应用中，疲劳极限又是理论无限寿命设计的标准[97]。在 1910 年，Basquin[98]提出了考虑应力幅的寿命关系的公式：

$$S_a=\sigma'_f(N_f)^b \tag{3.1}$$

式中：σ'_f——疲劳强度系数。

b——疲劳强度指数。

但在 Basquin 的模型中没有体现平均应力对于寿命的影响，而且在模型中也不能体现出疲劳极限。在 20 世纪 60 年代，weibull 考虑了疲劳极限提出的三参数法[99]：

$$N_f=S_f(S_a-S_{ae})^b \tag{3.2}$$

式中：S_{ae}——理论疲劳极限。

S_f——疲劳抗力系数。

b——疲劳指数。

S_{ae}、S_f、b为由试验数据拟合的参数，也称三参数法。

郑修麟[100]也提出了类似的应力寿命计算模型：

$$N_f=S_f(S_{eqv}-S_{eqvc})^{-2} \tag{3.3}$$

式中：S_{eqv}——当量名义应力幅。

S_{eqvc}——用当量名义应力幅表示的理论疲劳极限。

但郑修麟应力寿命计算模型中，疲劳指数对于不同材料的时候都采用相同数值是不合理的，而且对于不同材料的疲劳试验数据的拟合精度都有影响，郭乙木提出一种应变寿命模型：

$$N_f=A(\varepsilon-\varepsilon_c)^{\beta} \tag{3.4}$$

李贵军[101]在此基础上也提出了一种应力寿命计算模型，其形式与 weibull 的模型相同：

$$N_f = S_f (S_{eqv} - S_{eqvc})^{\beta} \tag{3.5}$$

此次疲劳试验采用的是脉动循环，应力比 $R=0$，而实际工程上的疲劳设计曲线采用的是对称应力幅。因此，对试验中的应力幅应进行平均应力的修正，就可以得到在实际工程中对称应力幅下的疲劳设计曲线。当量名义应力幅 S_{eqv} 由下式进行修正：

$$S_{eqv} = \sqrt{\frac{1}{2(1-R)}}\Delta S = 2\sqrt{\frac{1}{2(1-R)}}S_a = \sqrt{S_{\max} S_a} \tag{3.6}$$

由式（3.6）可以看出，当 N_f 等于常数时，S_{eqv} 也同样是常数，于是得到：

当 $R=-1$ 时，$(S_{\max})_{N_f=常数} = (S_{\mathrm{a}})_{N_f=常数}$

当 $R=0$ 时，$(S_{\max})_{N_f=常数} = 2(S_{\mathrm{a}})_{N_f=常数}$

由此得：

$$((S_a)_{R=-1})_{N_f=常数} = \left(\frac{\sqrt{2}}{2}(S_{\max})_{R=0}\right)_{N_f=常数} \tag{3.7}$$

由于要在应力寿命模型中体现温度的影响，为了提高疲劳抗力系数与温度的拟合精度，将式（3.5）变换为下式：

$$S_{eqv} = S'_f N_f^{\beta'} + S_{eqvc} \tag{3.8}$$

式中：S'_f——转换后的疲劳抗力系数。

β'——转换后的疲劳指数。

因为疲劳抗力系数、疲劳指数以及疲劳极限都应该是与环境温度相关的函数，所以在得到不同温度下的应力寿命模型后，将温度分别拟合到疲劳抗力系数、疲劳指数以及疲劳极限中，最终得到包含温度变量的应力寿命模型，为 Q345B 钢在不同工作环境下的疲劳寿命评估提供分析依据。

3.2 不同温度下的应力控制疲劳寿命分析

中温疲劳试验共进行了 7 个温度下的应力控制疲劳试验，每个温度下按不同应力状态做了 5 组，应力比 $R=0$，实际工程中的疲劳设计曲线采用的是对称应力循环，故对脉动循环试验的应力幅进行了修正。而且此次拉伸疲劳试验试件采取的是光滑均匀试样，疲劳缺口系数 $K=1$，考虑到拉伸平均应力对疲劳寿命的影响，同时也考虑到本次试验数据的分散性、试件尺寸分散性、表面处理情况、试验环境等影响。另外，实际工程结构同样存在很多不确定因素，为了能将最大应力寿命模型结合损伤退化模型预测结构寿命，参考 ASME 规范处理方法，这里对最大应力寿命模型应力安全系数选取 2.65，平均应力修正后的应力寿命模型应力安全系数选取 2.0。

3.2.1 20 ℃下的应力控制寿命分析

表 3.1 为环境温度 20 ℃时应力控制的疲劳试验数据，按式（3.8）的形式拟合，拟合关系如图 3.1 所示。

表 3.1 Q345B 钢 20 ℃应力控制疲劳试验结果

试件	T/℃	S_{max} / MPa	S_{eqv} / MPa	N_f
L1.1	20	420	297.0	117 418
L1.2	20	440	311.1	62 513
L1.3	20	460	325.3	31 023
L1.4	20	470	332.3	13 057
L1.5	20	480	339.4	2 576

$$S_{max} = \frac{419.34}{N_f^{0.1065}} + 309 \tag{3.9}$$

相关度：$R = 0.9307$。

选取应力安全系数 2.65，拟合后得：

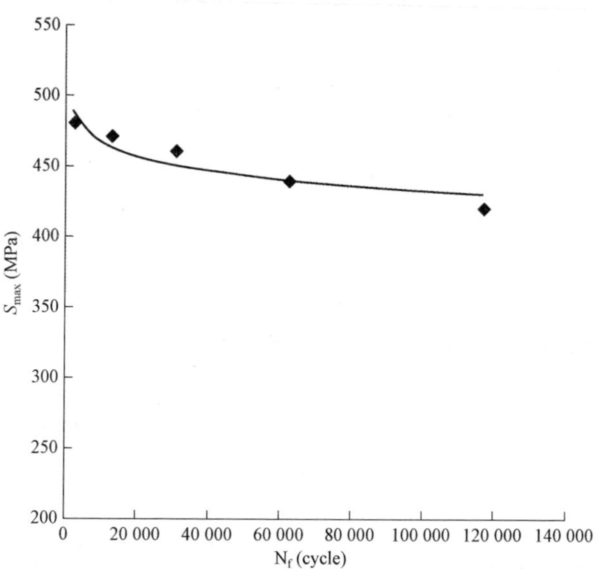

图 3.1　20 ℃下的最大循环应力与疲劳寿命拟合关系图

$$S_{max} = \frac{158.24}{N_f^{0.1065}} + 116.6 \tag{3.10}$$

考虑到平均应力的影响，对 20 ℃时应力控制的疲劳试验数据按式（3.7）进行修正，修正后得到 20 ℃下的应力寿命曲线，如图 3.2 所示。

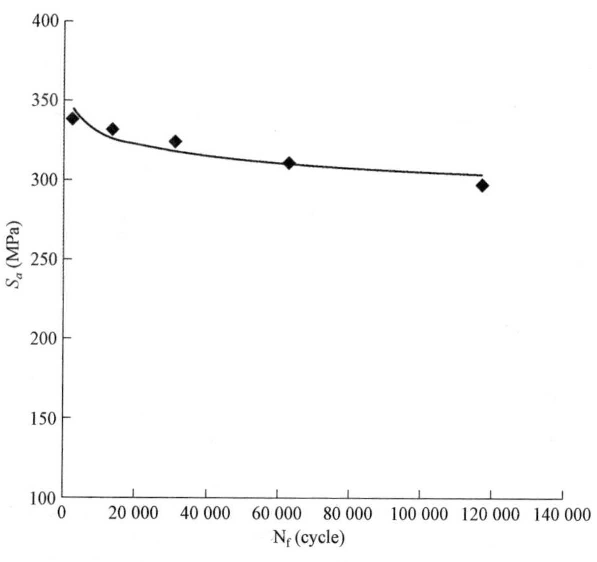

图 3.2　20 ℃下的循环应力与疲劳寿命拟合关系图

拟合结果如下：

$$S_a = \frac{296.49}{N_f^{0.1065}} + 218.50 \tag{3.11}$$

选取应力安全系数 2.0，拟合后得：

$$S_a = \frac{148.25}{N_f^{0.1065}} + 109.25 \tag{3.12}$$

3.2.2 150 ℃下的应力控制寿命分析

表 3.2 为环境温度 150 ℃时应力控制的疲劳试验数据，按式（3.8）的形式拟合，拟合关系如图 3.3 所示。

表 3.2 Q345B 钢 150 ℃应力控制疲劳试验结果

试件	T / ℃	S_{max} / MPa	S_{eqv}	N_f
L2.1	150	420	297.0	171 087
L2.2	150	440	311.1	107 816
L2.3	150	460	325.3	57 781
L2.4	150	470	332.3	26 365
L2.5	150	480	339.4	5 726

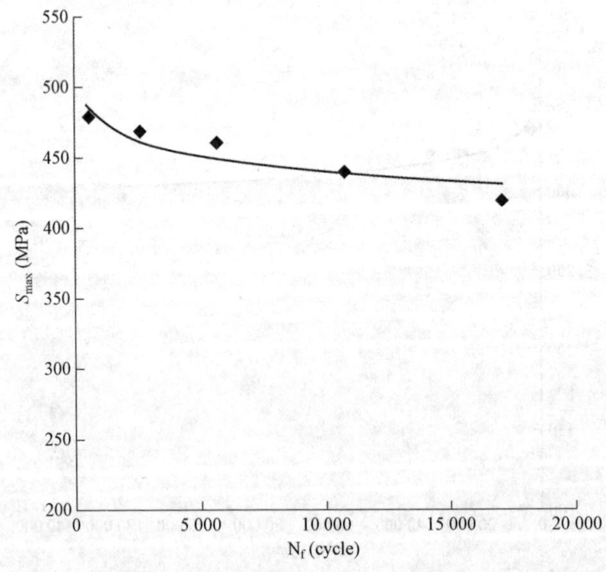

图 3.3 150 ℃下的最大循环应力与疲劳寿命拟合关系图

$$S_{\max} = \frac{507.19}{N_f^{0.1237}} + 317 \tag{3.13}$$

相关度：$R = 0.9167$。

选取应力安全系数 2.65，拟合后得：

$$S_{\max} = \frac{191.39}{N_f^{0.1237}} + 119.62 \tag{3.14}$$

考虑到平均应力的影响，对 150 ℃时应力控制的疲劳试验数据按式（3.7）进行修正，修正后得到 150 ℃下的应力寿命曲线，如图 3.4 所示。

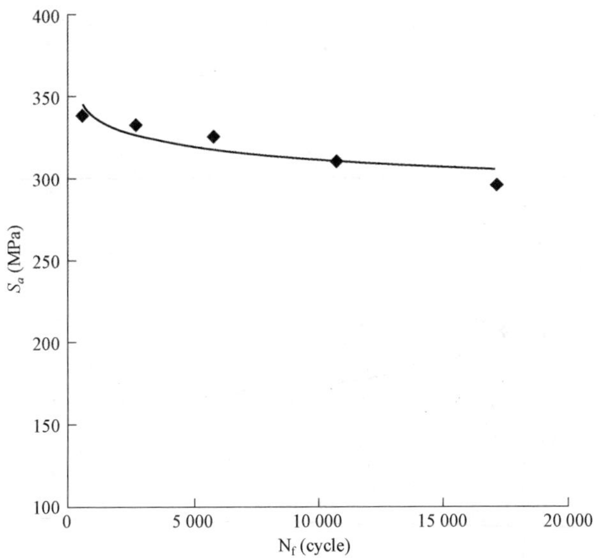

图 3.4　150 ℃下的循环应力与疲劳寿命拟合关系图

拟合结果如下式：

$$S_a = \frac{358.64}{N_f^{0.1237}} + 224.15 \tag{3.15}$$

选取应力安全系数 2.0，拟合后得：

$$S_a = \frac{179.32}{N_f^{0.1237}} + 112.08 \tag{3.16}$$

3.2.3 250 ℃下的应力控制寿命分析

表 3.3 为环境温度 250 ℃时应力控制的疲劳试验数据，按式（3.8）的形式拟合，拟合关系如图 3.5 所示。

表 3.3 Q345B 钢 250 ℃应力控制疲劳试验结果

试件	T / ℃	$S_{\max}$ / MPa	S_{eqv}	N_f
L3.1	250	420	297.0	254 162
L3.2	250	440	311.1	166 478
L3.3	250	460	325.3	86 127
L3.4	250	470	332.3	37 061
L3.5	250	480	339.4	11 522

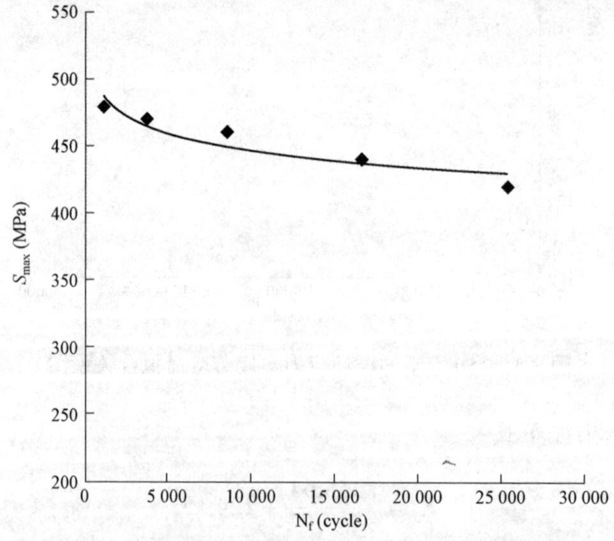

图 3.5 250 ℃下的最大循环应力与疲劳寿命拟合关系图

$$S_{\max} = \frac{635.25}{N_f^{\ 0.143\,2}} + 322 \tag{3.17}$$

相关度：$R = 0.903\,7$。

选取应力安全系数 2.65，拟合后得：

$$S_{\max} = \frac{239.72}{N_f^{0.1432}} + 121.51 \tag{3.18}$$

考虑到平均应力的影响，对 250 ℃时应力控制的疲劳试验数据按式（3.7）进行修正，修正后得到 250 ℃下的应力寿命曲线，如图 3.6 所示。

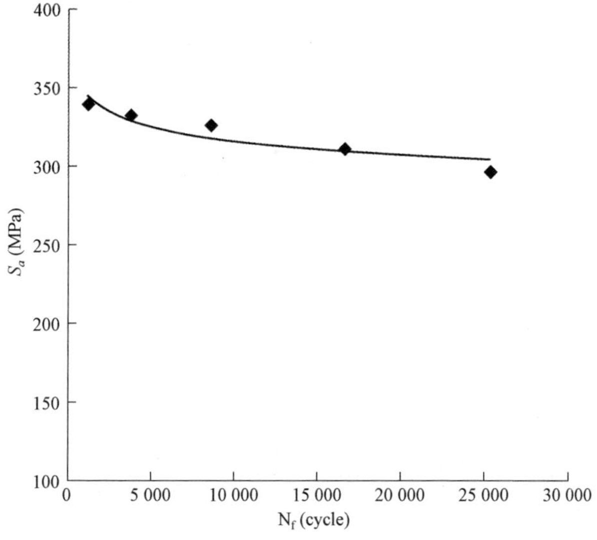

图 3.6　250 ℃下的循环应力与疲劳寿命拟合关系图

拟合结果如下式：

$$S_a = \frac{449.19}{N_f^{0.1432}} + 227.69 \tag{3.19}$$

选取应力安全系数 2.0，拟合后得：

$$S_a = \frac{224.60}{N_f^{0.1432}} + 113.85 \tag{3.20}$$

3.2.4　300 ℃下的应力控制寿命分析

表 3.4 为环境温度 300 ℃时应力控制的疲劳试验数据，按式（3.8）的形式拟合，拟合关系如图 3.7 所示。

表 3.4　Q345B 钢 300 ℃应力控制疲劳试验结果

试件	T / ℃	S_{max} / MPa	S_{eqv}	N_f
L4.1	300	420	297.0	290 175
L4.2	300	440	311.1	242 116
L4.3	300	460	325.3	177 545
L4.4	300	470	332.3	96 386
L4.5	300	480	339.4	42 352

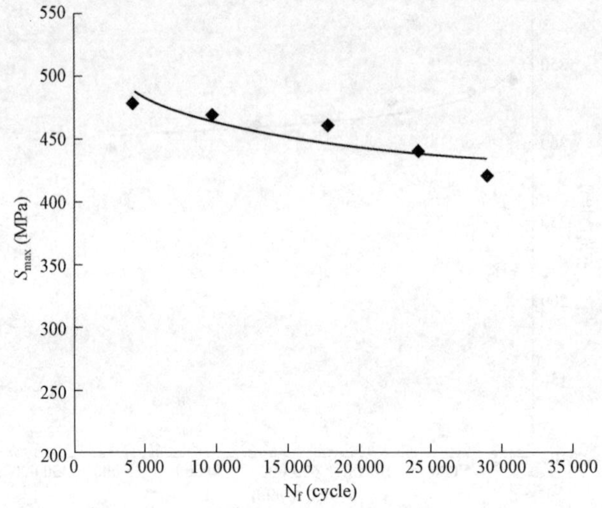

图 3.7　300 ℃下的最大应力与疲劳寿命拟合关系图

$$S_{max} = \frac{1\,803.6}{N_f^{\ 0.226\,8}} + 329 \tag{3.21}$$

相关度：$R = 0.956\,2$。

选取应力安全系数 2.65，拟合后得：

$$S_{max} = \frac{680.6}{N_f^{\ 0.226\,8}} + 124.15 \tag{3.22}$$

考虑到平均应力的影响，对 300 ℃时应力控制的疲劳试验数据按式（3.7）进行修正，修正后得到 300 ℃下的应力寿命曲线，如图 3.8 所示。

拟合结果如下式：

$$S_a = \frac{1\,275.33}{N_f^{\ 0.226\,8}} + 232.64 \tag{3.23}$$

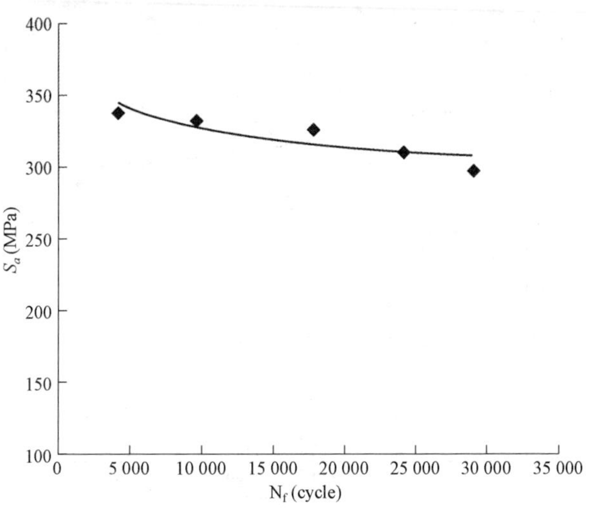

图 3.8　300 ℃下的循环应力与疲劳寿命拟合关系图

选取应力安全系数 2.0，拟合后得：

$$S_a = \frac{637.67}{N_f^{0.2268}} + 116.32 \tag{3.24}$$

3.2.5　320 ℃下的应力控制寿命分析

表 3.5 为环境温度 320 ℃时应力控制的疲劳试验数据，按式（3.8）的形式拟合，拟合关系如图 3.9 所示。

表 3.5　Q345B 钢 320 ℃应力控制疲劳试验结果

试件	T / ℃	S_{max} / MPa	S_{eqv}	N_f
L5.1	320	420	297.0	313 251
L5.2	320	440	311.1	266 813
L5.3	320	460	325.3	206 324
L5.4	320	470	332.3	116 957
L5.5	320	480	339.4	53 827

$$S_{max} = \frac{2\,724.7}{N_f^{0.2648}} + 338 \tag{3.25}$$

相关度：$R = 0.906\,8$。

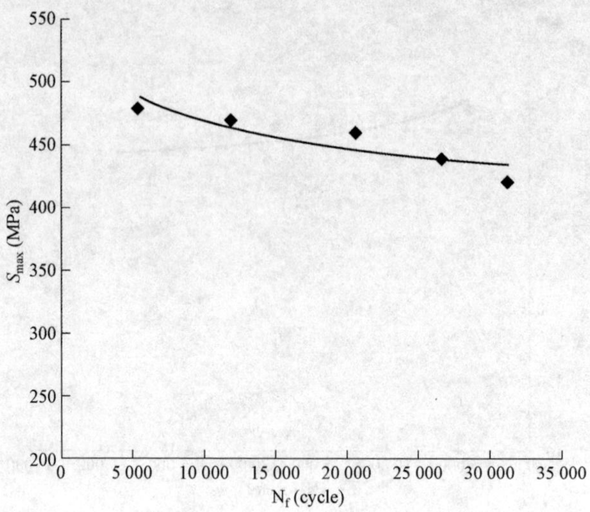

图 3.9　320 ℃下的最大应力与疲劳寿命拟合关系图

选取应力安全系数 2.65，拟合后得：

$$S_{max} = \frac{1\,028.19}{N_f^{\,0.264\,8}} + 127.55 \tag{3.26}$$

考虑到平均应力的影响，对 320 ℃时应力控制的疲劳试验数据按式（3.7）进行修正，修正后得到 320 ℃下的应力寿命曲线，如图 3.10 所示。

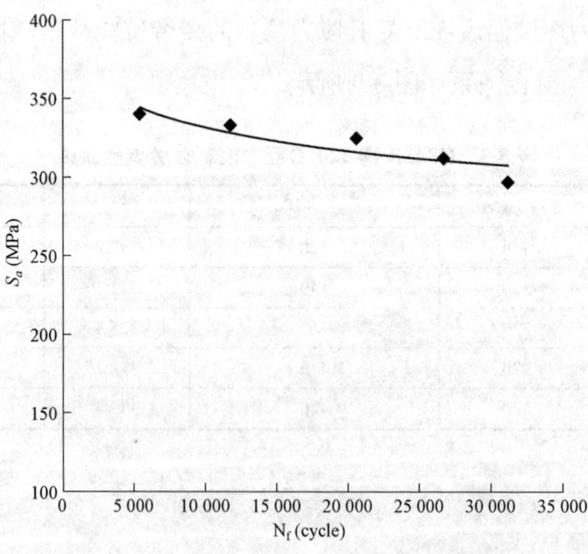

图 3.10　320 ℃下的循环应力与疲劳寿命拟合关系图

拟合结果如下式：

$$S_a = \frac{1926.65}{N_f^{0.2648}} + 239 \tag{3.27}$$

选取应力安全系数 2.0，拟合后得：

$$S_a = \frac{963.33}{N_f^{0.2648}} + 119.5 \tag{3.28}$$

3.2.6　350 ℃下的应力控制寿命分析

表 3.6 为环境温度 350 ℃时应力控制的疲劳试验数据，按式（3.8）的形式拟合，拟合关系如图 3.11 所示。

表 3.6　Q345B 钢 350 ℃应力控制疲劳试验结果

试件	T / ℃	S_{max} / MPa	S_{eqv}	N_f
L6.1	350	420	297.0	267 087
L6.2	350	440	311.1	226 816
L6.3	350	460	325.3	147 557
L6.4	350	470	332.3	72 644
L6.5	350	480	339.4	31 261

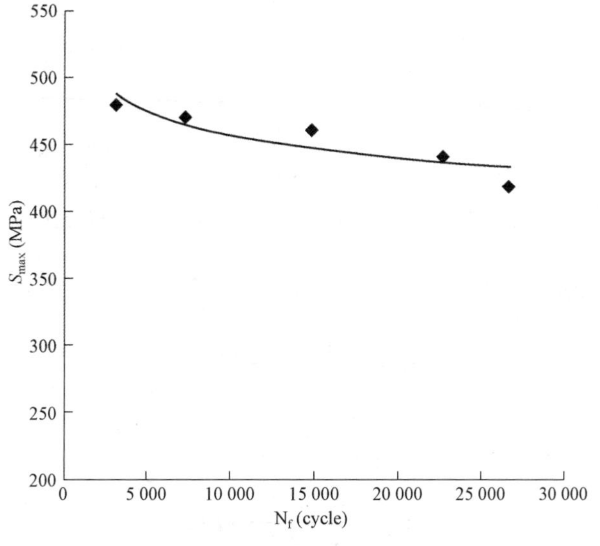

图 3.11　350 ℃下的最大应力与疲劳寿命拟合关系图

$$S_{\max} = \frac{1\,229.6}{N_f^{\ 0.193\,4}} + 323 \tag{3.29}$$

相关度：$R = 0.965\,2$。

选取应力安全系数 2.65，拟合后得：

$$S_{\max} = \frac{464}{N_f^{\ 0.193\,4}} + 121.89 \tag{3.30}$$

考虑到平均应力的影响，对 350 ℃时应力控制的疲劳试验数据按式（3.7）进行修正，修正后得到 350 ℃下的应力寿命曲线，如图 3.12 所示。

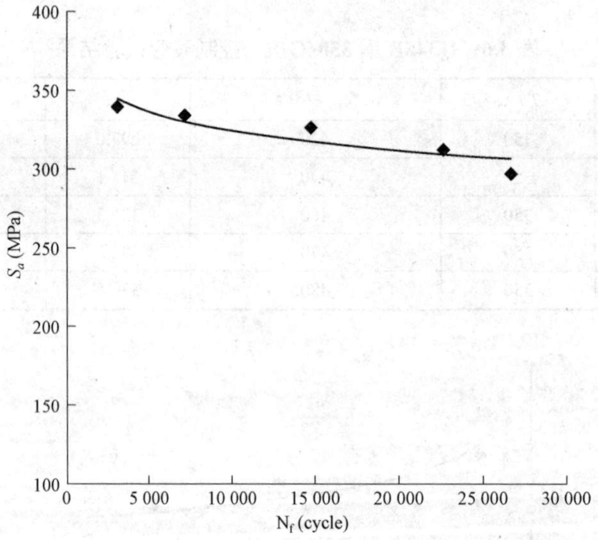

图 3.12　350 ℃下的循环应力与疲劳寿命拟合关系图

拟合结果如下式：

$$S_a = \frac{869.46}{N_f^{\ 0.193\,4}} + 228.40 \tag{3.31}$$

选取应力安全系数 2.0，拟合后得：

$$S_a = \frac{434.73}{N_f^{\ 0.193\,4}} + 114.2 \tag{3.32}$$

3.2.7　400 ℃下的应力控制寿命分析

表 3.7 为环境温度 400 ℃时应力控制的疲劳试验数据，按式（3.8）的形式拟合，拟合关系如图 3.13 所示。

表 3.7　Q345B 钢 400 ℃应力控制疲劳试验结果

试件	T / ℃	S_{max} / MPa	S_{eqv}	N_f
L7.1	400	420	297.0	136 743
L7.2	400	440	311.1	95 498
L7.3	400	460	325.3	55 531
L7.4	400	470	332.3	24 765
L7.5	400	480	339.4	4 512

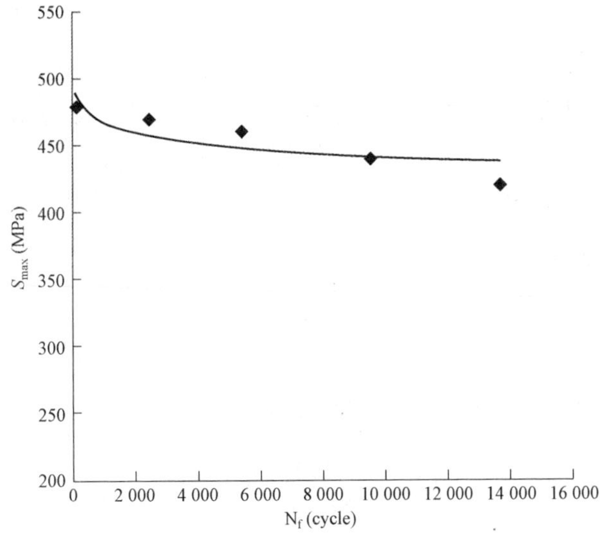

图 3.13　400 ℃下的最大应力与疲劳寿命拟合关系图

$$S_{max} = \frac{464.14}{N_f^{0.1141}} + 313 \tag{3.33}$$

相关度：$R = 0.8801$。

选取应力安全系数 2.65，拟合后得：

$$S_{\max} = \frac{175.15}{N_f^{\ 0.1141}} + 118.11 \tag{3.34}$$

考虑到平均应力的影响，对 400 ℃时应力控制的疲劳试验数据按式（3.7）进行修正，修正后得到 400 ℃下的应力寿命曲线，如图 3.14 所示。

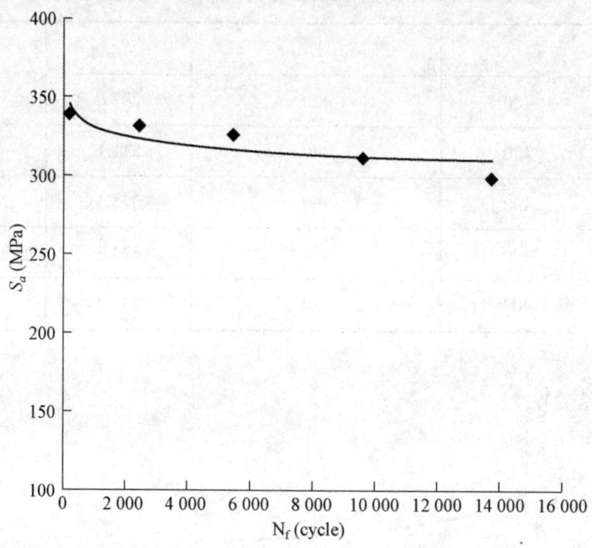

图 3.14　400 ℃下的循环应力与疲劳寿命拟合关系图

拟合结果如下式：

$$S_a = \frac{328.20}{N_f^{\ 0.1141}} + 221.32 \tag{3.35}$$

选取应力安全系数 2.0，拟合后得：

$$S_a = \frac{164.1}{N_f^{\ 0.1141}} + 110.66 \tag{3.36}$$

3.3　不同环境温度下的应力寿命计算模型

随着环境温度的变化，材料的力学性能发生变化，基于不同温度的应力控制疲劳试验，拟合出不同温度下的应力寿命计算模型。

3.3.1　最大循环应力下的应力寿命计算模型

将式（3.10）、式（3.14）、式（3.18）、式（3.22）、式（3.26）、式（3.30）和式（3.34）中的疲劳抗力系数 S'_f、疲劳指数 β' 与疲劳极限 S_{eqvc} 进行数据整理，见表 3.8。

表 3.8　不同温度下最大循环应力与循环寿命的拟合参数

温度/℃	疲劳抗力系数 S'_f	疲劳指数 β'	疲劳极限 S_{eqvc} /MPa
20	158.24	−0.106 5	116.6
150	191.39	−0.123 7	119.62
250	239.72	−0.143 2	121.51
300	680.6	−0.226 8	124.15
320	1 028.19	−0.264 8	127.55
350	464	−0.193 4	121.89
400	175.15	−0.114 1	118.11

将温度分别与应力控制疲劳试验数据拟合出的疲劳抗力系数、疲劳指数以及疲劳极限进行拟合，采用分段拟合的方式，将试验温度以 320 ℃为界分为两个区间。

3.3.1.1　疲劳抗力系数 S'_f 与温度拟合

拟合函数表达式为：

20 ℃≤T<320 ℃时：

$$S'_f = 106.31e^{0.0057T} \tag{3.37}$$

320 ℃≤T≤400 ℃时：

$$S'_f = 1.01\times10^6 e^{-0.0219T} \tag{3.38}$$

3.3.1.2 疲劳指数 β' 与温度拟合

拟合函数表达式为：

20 ℃≤T＜320 ℃时：

$$\beta' = -3\times10^{-06}T^2 + 0.0006T - 0.1217 \quad (3.39)$$

320 ℃≤T≤400 ℃时：

$$\beta' = -1.02\times10^{-05}T^2 + 0.009T - 2.138 \quad (3.40)$$

3.3.1.3 疲劳极限 S_{ae} 与温度拟合

拟合函数表达式为：

20 ℃≤T＜320 ℃时：

$$S_{ae} = 115.38\mathrm{e}^{0.0003T} \quad (3.41)$$

320 ℃≤T≤400 ℃时：

$$S_{ae} = 170.42\mathrm{e}^{-0.0009T} \quad (3.42)$$

最后得出在不同温度下，最大循环应力与循环寿命的综合表达式为：

当温度为 20 ℃≤T＜320 ℃时：

$$S_{\max} = 106.31e^{0.0057T}N_f^{-3\times10^{-6}T^2 + 0.0006T - 0.1217} + 115.38\mathrm{e}^{0.0003T} \quad (3.43)$$

当温度为 320 ℃≤T≤400 ℃时：

$$S_{\max} = 1.01\times10^{6}e^{-0.0219T}N_f^{-1.02\times10^{-5}T^2 + 0.009T - 2.138} + 170.42\mathrm{e}^{-0.0009T} \quad (3.44)$$

3.3.2 平均应力的修正后的应力寿命计算模型

将式（3.12）、式（3.16）、式（3.20）、式（3.24）、式（3.28）、式（3.32）和式（3.36）中平均应力修正后的疲劳抗力系数 S'_f、疲劳指数 β' 与疲劳极限 S_{eqvc} 数据进行整理，见表 3.9。

表 3.9　不同温度下修正后的循环应力与循环寿命的拟合参数

温度/℃	修正后的疲劳抗力系数 S'_f	修正后的疲劳指数 β'	修正后的疲劳极限 S_{eqvc} /MPa
20	148.25	−0.106 5	109.25
150	179.32	−0.123 7	112.075
250	224.60	−0.143 2	113.85
300	637.67	−0.226 8	116.32
320	963.33	−0.264 8	119.5
350	434.73	−0.193 4	114.2
400	164.1	−0.114 1	110.66

3.3.2.1　修正后的疲劳抗力系数 S'_f 与温度拟合

拟合函数表达式为：

20 ℃≤T<320 ℃时：

$$S'_f = 99.599\mathrm{e}^{0.005\,7T} \tag{3.45}$$

320 ℃≤T≤400 ℃时：

$$S'_f = 994\,529\mathrm{e}^{-0.021\,9T} \tag{3.46}$$

3.3.2.2　修正后的疲劳指数 β' 与温度拟合

拟合函数表达式为：

20 ℃≤T<320 ℃时：

$$\beta' = -3\times10^{-06}T^2 + 0.000\,6T - 0.121\,7 \tag{3.47}$$

320 ℃≤T≤400 ℃时：

$$\beta' = -1.02\times10^{-05}T^2 + 0.009T - 2.138 \tag{3.48}$$

3.3.2.3　修正后的疲劳极限 S_{eqvc} 与温度拟合

拟合函数表达式为：

20 ℃≤T<320 ℃时：

$$S_{eqvc}=108.11\mathrm{e}^{0.0003T} \tag{3.49}$$

320 ℃≤T≤400 ℃时：

$$S_{eqvc}=159.686\mathrm{e}^{-0.0009T} \tag{3.50}$$

最后得出在不同温度下的应力与循环寿命综合表达式：

当温度为 20 ℃≤T<320 ℃时：

$$S_{\mathrm{a}}=99.599\mathrm{e}^{0.0057T}N_f^{-3\times10^{-6}T^2+0.0006T-0.1217}+108.11\mathrm{e}^{0.0003T} \tag{3.51}$$

当温度为 320 ℃≤T≤400 ℃时：

$$S_{\mathrm{a}}=994\,529\mathrm{e}^{-0.0219T}N_f^{-1.02\times10^{-5}T^2+0.009T-2.138}+159.686\mathrm{e}^{-0.0009T} \tag{3.52}$$

至此，通过疲劳试验数据的拟合，分别得到了在脉动循环试验下的应力寿命模型和对称循环下的应力寿命模型，随后又得到考虑应力安全系数后的应力寿命模型，而且在应力寿命模型中体现了温度对于应力寿命模型的影响。起重机常用材料不仅仅是 Q345B 钢，在以后的研究中，将起重机其他常用材料，用本研究方法求出相应材料应力寿命模型，为起重机寿命评估工作提供分析依据。

3.4　本章小结

（1）通过不同温度下应力控制疲劳试验数据，以三参数的应力寿命方法进行拟合，拟合出 Q345B 钢在不同温度下的最大应力与寿命函数关系式，以及平均应力修正后的应力寿命函数关系式。

（2）疲劳抗力系数、疲劳指数与疲劳极限本身就应该是与温度有关的函数，将温度分别拟合到疲劳抗力系数、疲劳指数与疲劳极限中，由于动态应变时效的影响，Q345B 钢在 320 ℃寿命达到本次试验的最大值，故采用分段拟合的方式，以 320 ℃为分界点，拟合出 Q345B 钢在温度 20 ℃到 400 ℃之间的应力寿命计算模型。

（3）本次应力控制疲劳试验为脉动循环，通过平均应力的修正，得到了实际工程中对称循环的应力寿命估算公式，为 Q345B 钢在实际工程中的应用提供寿命估算依据。

（4）通过本章中的应力寿命关系式，可以直观地看到 Q345B 钢在温度 320 ℃时达到峰值，脉动循环下的理论疲劳极限为 338 MPa，对称循环下的理论疲劳极限为 239 MPa，考虑安全系数后，脉动循环下的疲劳极限为 127.55 MPa，对称循环下的疲劳极限为 119.5 MPa，为在载荷谱分析中，忽略小载荷对寿命的影响提供参考依据。

（5）Q345B 钢作为目前用量最为广泛的结构钢之一，但在高于室温环境下的疲劳行为研究却非常少，本章的工作为 Q345B 钢在中温环境下的寿命研究提供数据支持。

第 4 章

基于损伤力学的 Q345B 钢中温环境疲劳寿命评估

铸造起重机在循环载荷作用下，金属结构出现疲劳损伤，虽然此时尚未出现宏观裂纹，但金属结构的承载能力已经下降，而通常对于铸造起重机的寿命评估是基于观测宏观裂纹缺陷的基础上进行的。对于起重机疲劳寿命评估工作，断裂力学发挥了重要的作用，能够针对起重机金属结构中已有裂纹进行研究，预测构件的剩余寿命。但是，断裂力学无法预测宏观疲劳裂纹产生之前的微裂纹萌生阶段的过程，因为并不是所有的缺陷都能够简化成一个或有限个宏观裂纹，而在很多情况下，宏观裂纹的萌生阶段寿命占据了疲劳断裂寿命的大部分。在产生宏观裂纹之前，铸造起重机实际已经工作多年，所以要完整评估铸造起重机的寿命，必须研究金属结构在裂纹萌生阶段的寿命，而且裂纹萌生阶段的使用时间占铸造起重机全寿命的 70%~80%甚至更多，本研究用损伤力学理论结合疲劳试验的方法，分析温度对于铸造起重机常用材料 Q345B 疲劳损伤的影响，建立了 Q345B 钢在不同温度以及不同循环应力的损伤退化模型。

4.1　损伤力学的基本理论

损伤力学从理论提出到经过诸多学者研究发展到现在经过 40 余年，它与断裂力学成为破坏力学重要的两个组成部分。目前，损伤力学的研究方法分为两个方向：一个方向是以研究材料微观缺陷的细观损伤力学，另一方向为连续损伤力学，该方法以连续介质力学、不可逆热力学和内变量理论为基础，结合直观的损伤变量，研究材料的退化规律，由于结合疲劳损伤理论和疲劳试验，使得连续损伤力学能够被广泛应用到实际工程中。

4.1.1　损伤的描述

当材料发生塑性变形时，究其原因是外力造成了组成材料的原子之间结合键位移，从而引起位错运动。1958 年，Kachanov[28]最先提出了损伤的概念，简单描述了材料性能的退化。随后，在 1963 年，Rabotnov[29]提出了用材料承载面积的大小来描述材料的损伤程度，并将其定义为：

$$D=\frac{S_D}{S}=1-\frac{S'}{S} \tag{4.1}$$

式中：

S'——有效的承载面积。

S——无损伤状态时的承载面积。

S_D——截面 S 上缺陷的有效面积。

4.1.2　有效应力与应变等价原理

单向受拉试件，在没有产生损伤前，试件的应力为：

$$\sigma = \frac{F}{S} \tag{4.2}$$

在实际工程中，材料总会存在一定的缺陷，这时如果还用式（4.2）计算试件应力，就会和实际应力产生偏差，引入有效应力的概念，将名义应力的计算公式中的承载面积以（$S - S_D$）代替：

$$\tilde{\sigma} = \frac{F}{S - S_D} \tag{4.3}$$

将损伤值 D 引入式（4.3）：

$$\tilde{\sigma} = \frac{F}{S\left(1 - \frac{S_D}{S}\right)} = \frac{\sigma}{1 - D} \tag{4.4}$$

式（4.4）是考虑损伤时的有效应力。压缩时，如果一些缺陷闭合而损伤保持不变，那么实际的承载面积大于（$S - SD$）。特别地，当所有缺陷都闭合时，有效应力 $\tilde{\sigma}$ 等于无损状态时的应力 σ 。

由于缺陷各式各样，不同的缺陷对损伤的影响也不一样，这就需要分析每种缺陷的损伤机理和微观力学分析，这样的话，工作难度将非常大。因此，Lemaitre 在 1971 年提出了著名的应变等价原理。该原理认为，对于任何损伤材料，将损伤后的有效损伤应力代替无损状态下的名义应力，就可以用无损伤材料推导出损伤后的应变本构方程[102]。

4.1.3 连续介质力学基本理论

连续损伤力学是在连续介质力学的理论上提出的，首先应该满足连续介质力学的质量守恒、动量守恒、能量守恒定律[103]。

4.1.3.1 质量守恒

物体在运动中其质量保持不变。在空间取一体积为 V 的物质微团，该微团的表面积为 Ω 。因为体积内质量的减少应等于通过它的表面流失的质量，则：

$$\mathrm{d}D = \mathrm{d}D_f + \mathrm{d}D_c = F_f(\Delta P, D)\mathrm{d}N + F_c(\sigma_{eq}, D)\mathrm{d}t \tag{4.5}$$

式中：n——面积微元 da 的外法向。

v——流动的速度。

dV——微团内的体积单元。

da——微团表面上的面积微元。

$\Delta \bullet v$——速度 v 的散度。

4.1.3.2　动量守恒定律

作用在微团表面上的应力为σ，微团内单位质量介质所受的体积力为 b，根据牛顿第二定律可知：

$$\int_a \sigma \bullet n\mathrm{d}a + \int_v \rho b\mathrm{d}V - \int_V \rho\dot{v}\mathrm{d}V = 0 \tag{4.6}$$

式中：$\int_v \rho b\mathrm{d}V$——体力的总和。

$\int_a \sigma \bullet n\mathrm{d}a$——面力的总和。

$\int_V \rho\dot{v}\mathrm{d}V$——动量变化率总量。

4.1.3.3　能量守恒定律

根据热力学第一定律，在封闭的热力学系统中，物质系统内能 E 和动能 K 的变化率等于单位时间内环境对系统所做的机械能 W 和热能 Q 的变化，能量守恒表达式如下：

$$\dot{E} + \dot{K} = W + Q \tag{4.7}$$

对于体积为 V 的连续介质物体，能量守恒表达式中各部分的能量可以分别表示为：

内能：

$$E = \int_V \rho e\mathrm{d}V \tag{4.8}$$

式中：ρ——密度。

e——单位质量的内能。

动能：

$$K=\frac{1}{2}\int_V \rho v\cdot v\mathrm{d}V \tag{4.9}$$

机械能：

$$W=\int_\Omega v\cdot\sigma\cdot n\mathrm{da}+\int_V \rho b\cdot v\mathrm{d}V \tag{4.10}$$

单位时间内输入的内能：

$$Q=-\int_\Omega q\cdot n\mathrm{da} \tag{4.11}$$

4.1.4 内变量理论

当结构受载后，产生两部分应力，一部分为克服结构弹性的弹性应力，记为σ_e，这部分做功作为势能储存在结构内部。另一部分为非弹性应力，记为σ_V，它克服了材料的粘性阻力，但这部分做的功以热能的形式耗散掉了。这两部分应力分别对应着结构的弹性变形ε_e和粘塑性变形ε_p，两部分应变这和即为总应变$\varepsilon_t=\varepsilon_e+\varepsilon_p$[104]。

内变量理论认为，介质的变形方式会引起内部结构的改变，并将影响不可逆过程的能量耗散特点。对于外界各种因素作用下导致的介质内部结构的变化，用“内部变量”a_i描述介质内部结构的这种变化，而且此变化过程是不可逆的，a_i的变化规律即为退化方程。而且引入与内部变量a_i共轭的广义不可逆应力A_i，$A_i a_i$代表了内部变量变化时耗散的功率，使系统的比熵增加。

4.1.5 不可逆热力学基础

热力学第二定律阐述了机械能和热能之间转换的不可逆过程，指出了对于不可逆过程，系统的熵总是增加的。当系统处于平衡状态时，熵可由下式求出：

$$dS = \frac{dQ}{T} \tag{4.12}$$

式中：T——绝对温度，K。

Q——热量，J。

对于一个体积为 V 的连续介质微团，该微团在单位时间内产生的熵等于损失的熵与自身获得的熵之和。由于 Q 与质量成正比，所以熵 S 也与质量成正比。即 s 为单位质量介质的熵。对于体积为 V 的连续介质微团，有 $S=(\rho dV)s$ 。

在单位时间内，对于不可逆过程：

$$\frac{d}{dt}\left(\int_V \rho s dV\right) = \int_V \frac{dQ}{T} dV \tag{4.13}$$

结合式（4.11）和式（4.13）得：

$$\int_V \rho \frac{ds}{dt} dV + \int_\Omega \frac{q \cdot n}{T} da \geqslant 0 \tag{4.14}$$

将式（4.14）转换：

$$\int_V \left(\rho \frac{ds}{dt} + \mathrm{div}\left(\frac{q}{T}\right)\right) dV \geqslant 0 \tag{4.15}$$

$$\rho \frac{ds}{dt} + \mathrm{div}\left(\frac{q}{T}\right) \geqslant 0 \tag{4.16}$$

$$\mathrm{div}\left(\frac{q}{T}\right) = \frac{1}{T}\mathrm{div}q - \frac{q}{T^2} \cdot \mathrm{grad}T \tag{4.17}$$

式中：grad T——温度梯度。

将式（4.17）代入式（4.16），即可得到热力学第二定律的表达式：

$$\rho T\dot{s} + \nabla \cdot q - \frac{q}{T} \cdot \mathrm{grad}T \geqslant 0 \tag{4.18}$$

4.2 状态势

状态势是状态变量的函数，而且在热力学理论中认为，每种变化现象都对应相应的状态变量，在状态势函数中，除了温度 T 对它是凹函数，对于其余状态变量状态势都为凸函数，用 Helmholtz 自由能来描述材料的状态势[105]：

$$\phi = \phi(\varepsilon, T, \varepsilon^e, \varepsilon^p, r, \alpha, D) \tag{4.19}$$

式中：ε——总应变张量。

ε^e——弹性应变张量。

ε^p——塑性应变张量。

r——损伤累积塑性应变。

α——背应变张量。

D——损伤变量。

如果材料在载荷循环过程中，产生的塑性应变很小或者可以忽略不计时，在状态势函数中忽略塑性应变张量 ε^p，则状态势函数可以按下式表达：

$$\phi = \phi(T, \varepsilon^e, r, a, D) \tag{4.20}$$

各状态的变量的本构方程为：

$$\varepsilon^e{}_{ij} = \frac{1+v}{E}\frac{\sigma_{ij}}{1-D} - \frac{v}{E}\frac{\sigma_{kk}}{1-D}\delta_{ij} \tag{4.21}$$

$$R = \rho\frac{\partial\phi}{\partial r} = R_\infty[1-\exp(-br)] \tag{4.22}$$

$$X^D = \rho\frac{\partial\phi}{\partial a} = \frac{2}{3}X_\infty r a_{ij} \tag{4.23}$$

$$Y = -\frac{1}{2} a_{ijkl} \varepsilon^{e}{}_{ij} \varepsilon^{e}{}_{kl} = -\frac{\tilde{\sigma}_{\text{eq}}^{2} R_{v}}{2E} \tag{4.24}$$

式（4.24）中，σ_{eq} 为 Von Mises 等效应力：

$$\sigma_{\text{eq}} = \left(\frac{3}{2} \sigma_{ij}{}^{D} \sigma_{ij}{}^{D} \right)^{1/2} \tag{4.25}$$

根据式（4.4）将 Von Mises 等效应力转换为等效损伤应力：

$$\tilde{\sigma}_{\text{eq}} = \frac{\sigma_{\text{eq}}}{1-D} = \frac{\left(\frac{3}{2} \sigma_{ij}{}^{D} \sigma_{ij}{}^{D} \right)^{1/2}}{1-D} \tag{4.26}$$

R_v 为三轴函数：

$$R_{v} = \frac{2}{3}(1+v) + 3(1-2v)\left(\frac{\sigma_{H}}{\sigma_{\text{eq}}} \right)^{2} \tag{4.27}$$

$\dfrac{\sigma_{\text{H}}}{\sigma_{\text{eq}}}$ 是三轴比，v 为泊松比，$\sigma_{ij}{}^{D}$ 和 σ_{H} 分别为应力偏量和静水压应力：

$$\sigma_{ij}{}^{D} = \sigma_{ij} - \delta_{ij} \sigma_{\text{H}} \tag{4.28}$$

$$\sigma_{\text{H}} = \frac{1}{3} \sigma_{kk} \tag{4.29}$$

4.3　耗散势

材料的损伤过程从本质上可以认为是能量耗散的过程，而且是不可逆的，假设内部能量的耗散分为三部分，分别为塑性变形部分 φ_{P}、损伤部分 φ_{D} 和背应变耗散部分 φ_{a} [106]，将耗散势写为：

$$\varphi = \varphi_{\text{P}}(\sigma, \sigma_{Y}, R, D) + \varphi_{\text{D}}(\bar{Y}, r, T, \varepsilon^{e}, D) + \varphi_{a} \tag{4.30}$$

对应塑性的耗散部分 φ_{P}：

$$\varphi_{\mathrm{P}}=\left[\frac{2}{3}\left(\frac{\sigma_{ij}^{D}}{1-D}-X_{ij}^{D}\right)\left(\frac{\sigma_{ij}^{D}}{1-D}-X_{ij}^{D}\right)\right]^{1/2}-R-\sigma_{y} \tag{4.31}$$

对应损伤的耗散部分 φ_D：

$$\dot{D}=-\frac{\partial\varphi_{\mathrm{D}}}{\partial Y}\dot{\lambda}=-\frac{\partial\varphi}{\partial Y} \tag{4.32}$$

4.4 疲劳损伤模型

按照连续损伤力学理论，选取合适的耗散势，代入到总耗散势中损伤部分 φ_D，即可得到损伤的退化方程。以王勇[107]的耗散势为基础，将温度和应力水平考虑到损伤指数 $q(\sigma,T)$ 中。

$$\varphi=\frac{Y^2}{2S_0}\frac{\Delta\dot{r}}{[(1-N/N_f)]^{1-q(\sigma,T)}} \tag{4.33}$$

式中：σ——为应力水平。

$\Delta\dot{r}$——每次载荷循环中的塑性应变。

$q(\sigma,T)$——与应力水平和温度有关的函数。

N_f——断裂寿命。

S_0——材料常数。

将式（4.33）代入式（4.32）可得：

$$\dot{D}=\left(-\frac{Y}{S_0}\right)\frac{\Delta\dot{r}}{[(1-N/N_f)]^{1-q(\sigma,T)}} \tag{4.34}$$

结合式（4.24）和式（4.26）得：

$$Y=-\frac{\sigma^2{}_{\mathrm{eq}}R_v}{2E(1-D)^2} \tag{4.35}$$

将式（4.35）代入式（4.34）得：

$$\dot{D}=\frac{\Delta\sigma_{\mathrm{eq}}{}^{2}R_{v}}{2ES_{0}(1-D)^{2}}\frac{\Delta\dot{r}}{[(1-N/N_{f})]^{1-q(\sigma,T)}} \tag{4.36}$$

按照 Lemaitre 应变等价性假设[108]，将损伤时应力-应变关系表示为：

$$\frac{\Delta\sigma_{eq}}{1-D}=K\Delta r^{m} \tag{4.37}$$

其中 K，m 为常数，将式（4.37）代入式（4.34）可得疲劳损伤退化模型：

$$\dot{D}=\frac{K^{2}R_{v}}{2ES_{0}}\frac{\Delta r^{2m}}{[(1-N/N_{f})]^{1-q(\sigma,T)}}\Delta\dot{r} \tag{4.38}$$

对式（4.38）积分得：

$$\frac{dD}{dN}=\frac{K^{2}R_{v}}{2ES_{0}}\frac{\Delta r^{2m+1}}{(2m+1)[(1-N/N_{f})]^{1-q(\sigma,T)}} \tag{4.39}$$

现在确定边界条件，当循环次数为零时，求出的损伤值为初始损伤 $D|_{N=0}=D_{0}$，当循环次数为断裂寿命 N_f 时，损伤值为 $D|_{N=N_f}=1$，将边界值代入式（4.39）。

$$1-D_{0}=\frac{K^{2}R_{v}}{2ES_{0}}\frac{\Delta r^{2m+1}}{(2m+1)}\frac{N_{f}}{q} \tag{4.40}$$

$$D-D_{0}=\frac{K^{2}R_{v}}{2ES_{0}}\frac{\Delta r^{2m+1}}{2m+1}\frac{N_{f}}{q}[1-(1-N/N_{f})^{q}] \tag{4.41}$$

结合式（4.40）和式（4.41），可得：

$$D=1-(1-D_{o})(1-N/N_{f})^{q(\sigma,T)} \tag{4.42}$$

上式即为损伤退化方程，$q(\sigma,T)$ 为损伤指数，D_{o} 为初始损伤。由于本次疲劳试验是脉动循环下进行的，将损伤指数的中的 σ 替换为 $\sigma_{\max}$，则式（4.42）修改为：

$$D=1-(1-D_{o})(1-N/N_{f})^{q(\sigma_{\max},T)} \tag{4.43}$$

4.5 损伤变量的选取

损伤变量是一种用于描述材料内部损伤状态变化发展及其对材料力学作用影响的内部状态变量[109]。Lemaitre 针对损伤变量选取做出了深入的研究，提出了多种损伤变量的测量方法[110]。本研究采取平均应变作为损伤变量，在本次实验中采取的是圆柱形棒件，采用引伸计可以很方便地测量轴向应变，常温下采用国产常温疲劳引伸计，高温时采用美国 EPSILON 公司 Model3448 高温轴向引伸计。

$$D = \varepsilon_N / \varepsilon_f \tag{4.44}$$

式中：ε_N——循环过程中的平均应变。

ε_f——材料断裂时的平均应变。

4.6 不同温度和应力状态条件下的损伤模型

本次试验分别在 20 ℃、150 ℃、250 ℃、300 ℃、320 ℃、350 ℃、400 ℃温度下的疲劳拉伸试验，在每个温度下进行了不同最大循环应力（420～480 MPa）条件下的应力控制试验，通过分析平均应变的变化规律，推导出 Q345B 钢的试件在不同温度不同应力状态下的综合损伤模型，从而全面的建立 Q345B 钢的损伤退化模型，为实际工程中的铸造起重机金属结构寿命分析提供基础研究依据。将式（4.43）转换为：

$$1 - D = (1 - D_o)[1 - \frac{N}{N_f(\sigma_{\max}, T)}]^{q(\sigma_{\max}, T)} \tag{4.45}$$

两边取对数得：

$$\lg(1-D)=\lg(1-D_o)+q(\sigma_{max},T)\lg\left[1-\frac{N}{N_f(\sigma_{max},T)}\right] \tag{4.46}$$

在双对数坐标下，通过拟合得出 $\lg(1-D)$ 与 $\lg(1-N/N_f)$ 的线性关系，从而确定损伤模型中的待定系数 D_o（初始损伤）和损伤指数 q，在得到不同应力条件和不同温度下所对应的损伤指数 q 后，将最大循环应力 σ_{max} 和温度 T 拟合到损伤指数 $q(\sigma_{max},T)$ 中，体现出不同应力以及不同温度对损伤模型的影响。

4.6.1　温度为 20 ℃下不同应力状态的损伤退化过程

温度为 20 ℃下拟合结果见表 4.1，拟合退化曲线如图 4.1～图 4.5 所示。

表 4.1　温度 20 ℃下的疲劳损伤模型拟合结果表

试件	σ_{max} / MPa	σ_{min} / MPa	T / ℃	D_0	q	N_f
L1.1	420	0	20	0.020 1	0.071 5	117 418
L1.2	440	0	20	0.013 4	0.067 9	62 513
L1.3	460	0	20	0.046 7	0.064 3	31 023
L1.4	470	0	20	0.017 7	0.059 9	13 057
L1.5	480	0	20	0.029 3	0.054 1	2 576

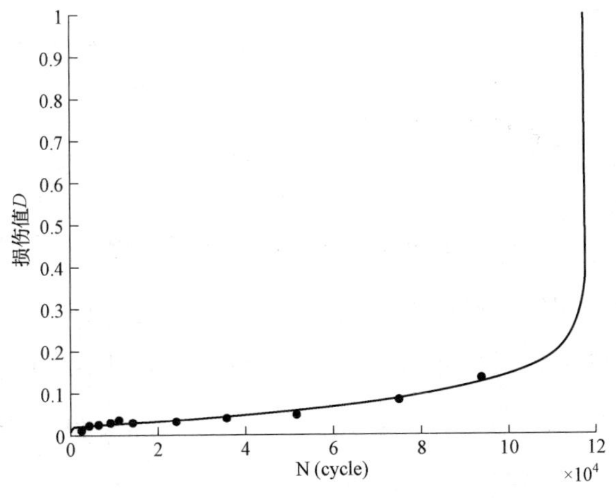

图 4.1　0～420 MPa 损伤退化拟合图

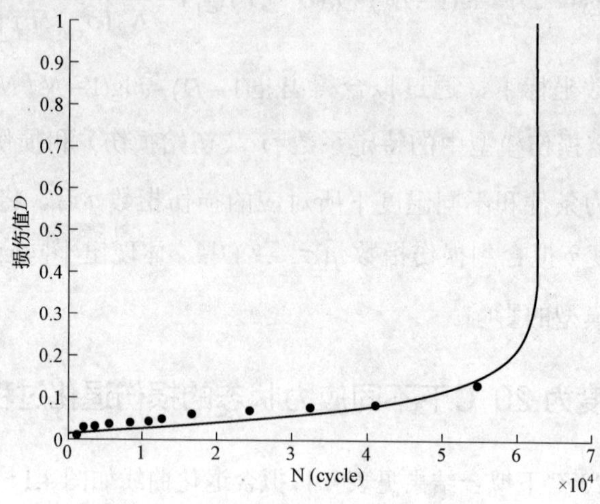

图 4.2　0～440 MPa 损伤退化拟合图

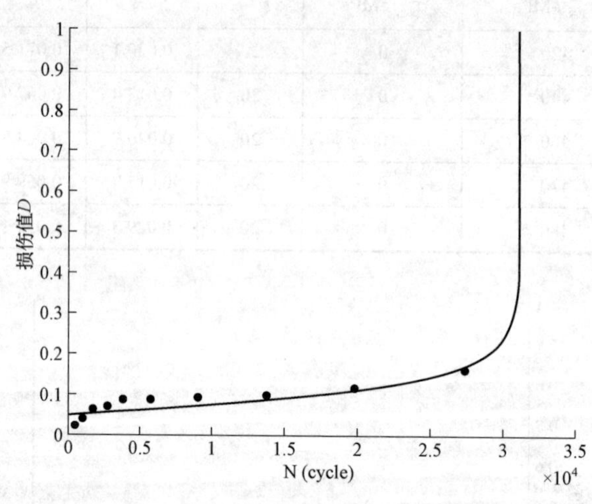

图 4.3　0～460 MPa 损伤退化拟合图

分析式（4.45），损伤指数 $q(\sigma_{max},T)$ 是关于 σ_{max} 的变量，将最大循环应力 σ_{max} 拟合到损伤指数中，从而可以在模型中体现出不同应力对于模型的影响，损伤指数 q 与最大循环应力 σ_{max} 拟合曲线如图 4.6 所示。

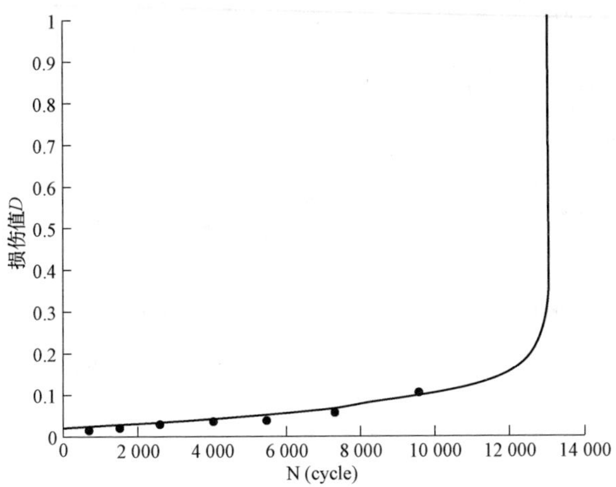

图 4.4　0～470 MPa 损伤退化拟合图

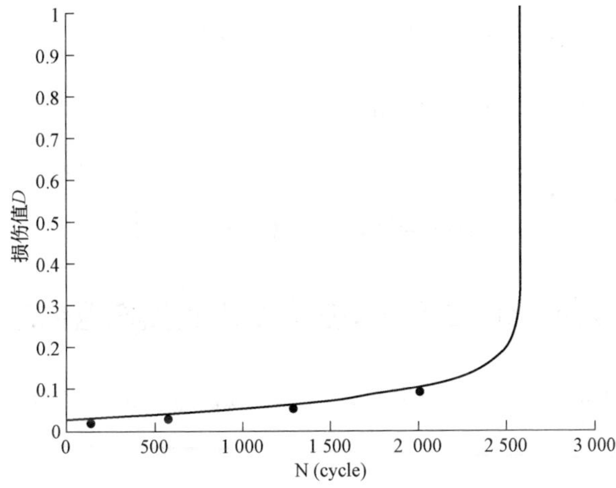

图 4.5　0～480 MPa 损伤退化拟合图

损伤指数 q 与最大循环应力 $\sigma_{\max}$ 拟合关系为：

$$q = 8157.6\sigma_{\max}^{-1.9238} \tag{4.47}$$

相关度：R = 0.944 7。

得出在温度为 20 ℃条件下的损伤模型为：

$$D = 1-(1-D_0)\left\{1-\frac{N}{N_f}\right\}^{8157.6\sigma_{\max}^{-1.9238}} \tag{4.48}$$

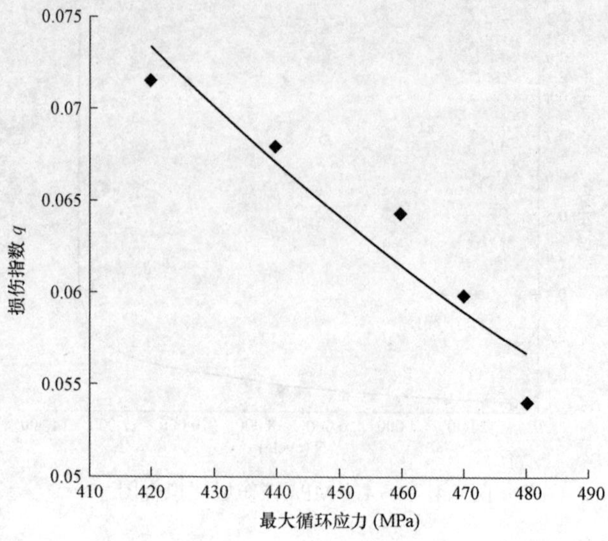

图 4.6 损伤指数 q 与最大循环应力 σ_{max} 拟合曲线

结合式（3.10）与式（4.48）得：

$$D = 1-(1-D_0)\left\{1-\frac{N}{[158.24/(\sigma_{max}-116.6)]^{9.3897}}\right\}^{8157.6\sigma_{max}^{-1.9238}} \tag{4.49}$$

4.6.2 温度为 150 ℃下不同应力状态的损伤退化过程

温度为 150 ℃下拟合结果见表 4.2，拟合退化曲线如图 4.7～图 4.11 所示。

表 4.2 温度 150 ℃下的疲劳损伤模型拟合结果表

试件	σ_{max} / MPa	σ_{min} / MPa	T / ℃	D_0	q	N_f
L2.1	420	0	150	0.050 2	0.081 5	171 087
L2.2	440	0	150	0.033 5	0.077 2	107 816
L2.3	460	0	150	0.044 1	0.073 5	57 781
L2.4	470	0	150	0.032 6	0.069 4	26 365
L2.5	480	0	150	0.023 2	0.061 7	5 726

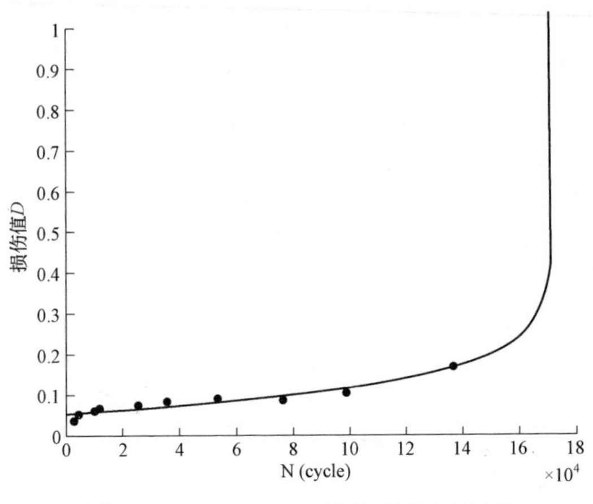

图 4.7　0～420 MPa 损伤退化拟合图

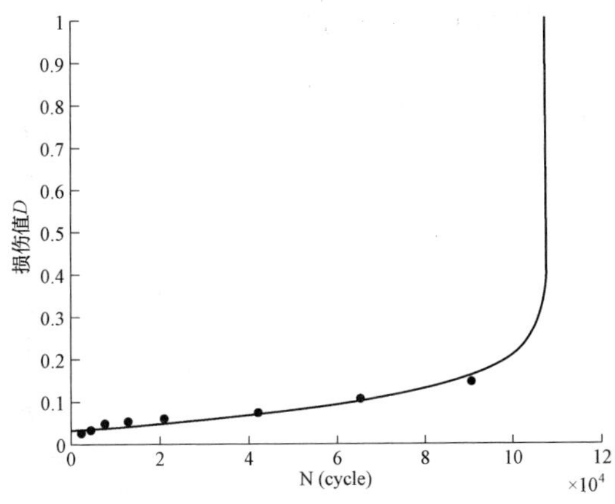

图 4.8　0～440 MPa 损伤退化拟合图

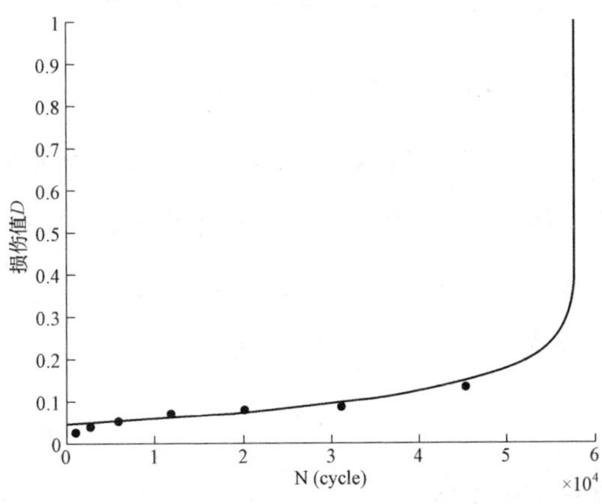

图 4.9　0～460 MPa 损伤退化拟合图

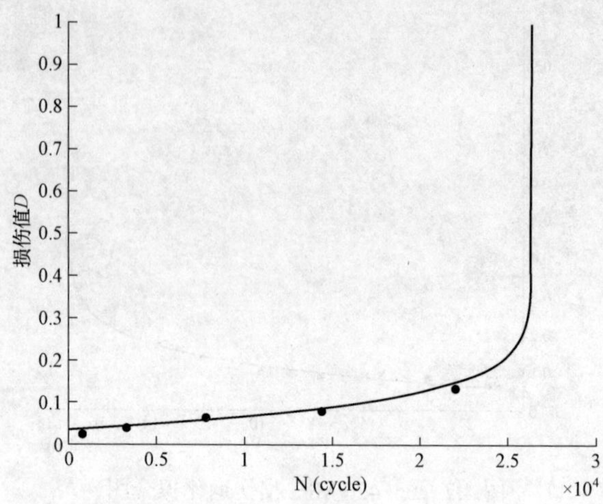

图 4.10　0～470 MPa 损伤退化拟合图

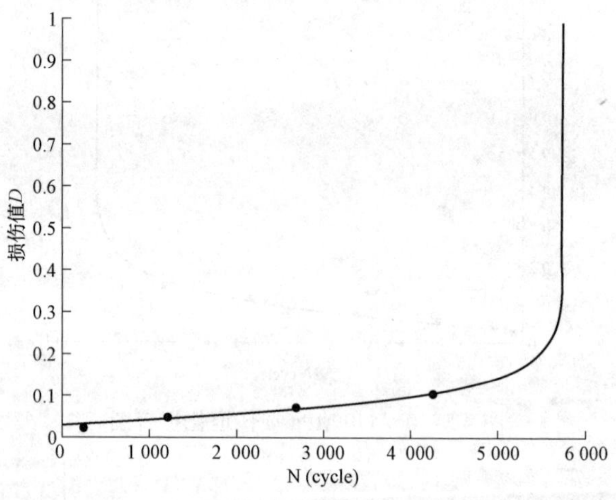

图 4.11　0～480 MPa 损伤退化拟合图

分析式（4.45），损伤指数 $q(\sigma_{max},T)$ 是关于 σ_{max} 的变量，将最大循环应力 σ_{max} 拟合到损伤指数中，从而可以在模型中体现出不同应力对于模型的影响，损伤指数 q 与最大循环应力 σ_{max} 拟合曲线如图 4.12 所示。

损伤指数与最大循环应力 σ_{max} 拟合关系：

$$q = 6\,970.9\sigma_{max}^{-1.876\,3} \tag{4.50}$$

相关度：R = 0.938 2。

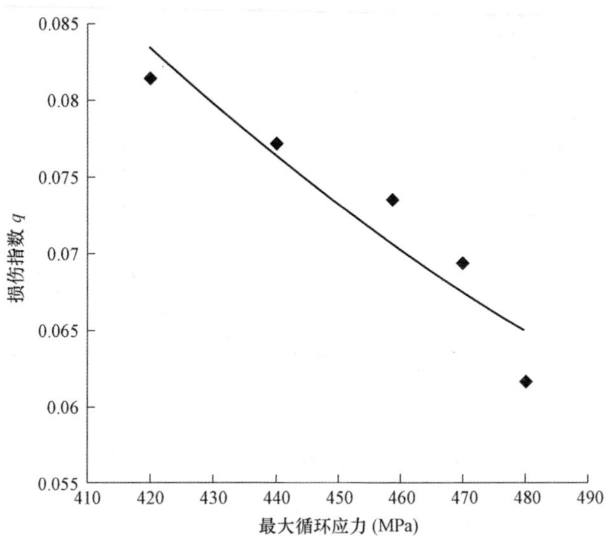

图 4.12　损伤指数 q 与最大循环应力 σ_{max} 拟合曲线

得出在温度为 150 ℃条件下的损伤模型为：

$$D = 1-(1-D_0)\left(1-\frac{N}{N_f}\right)^{6\,970.9\sigma_{max}^{-1.876\,3}} \tag{4.51}$$

结合式（3.14）与式（4.51）得：

$$D = 1-(1-D_0)\left\{1-\frac{N}{[191.39/(\sigma_{max}-119.62)]^{8.084}}\right\}^{6\,970.9\sigma_{max}^{-1.8763}} \tag{4.52}$$

4.6.3　温度为 250 ℃下不同应力状态的损伤退化过程

温度为250 ℃下拟合结果见表4.3，拟合退化曲线如图4.13～图4.17所示。

表 4.3　温度 250 ℃下的疲劳损伤模型拟合结果表

试件	σ_{max} / MPa	σ_{min} / MPa	T / ℃	D_0	q	N_f
L3.1	420	0	250	0.017 4	0.098 1	254 162
L3.2	440	0	250	0.034 3	0.095 3	166 478
L3.3	460	0	250	0.023 1	0.088 9	86 127
L3.4	470	0	250	0.043 3	0.082	37 061
L3.5	480	0	250	0.032 4	0.076 9	11 522

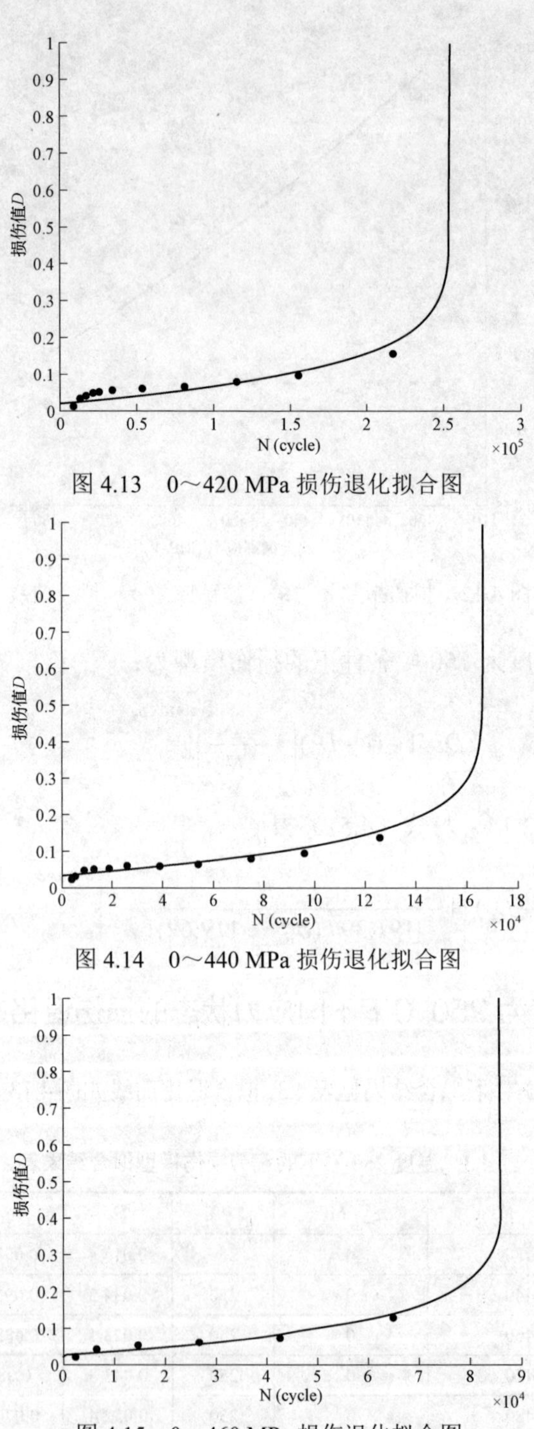

图 4.13　0～420 MPa 损伤退化拟合图

图 4.14　0～440 MPa 损伤退化拟合图

图 4.15　0～460 MPa 损伤退化拟合图

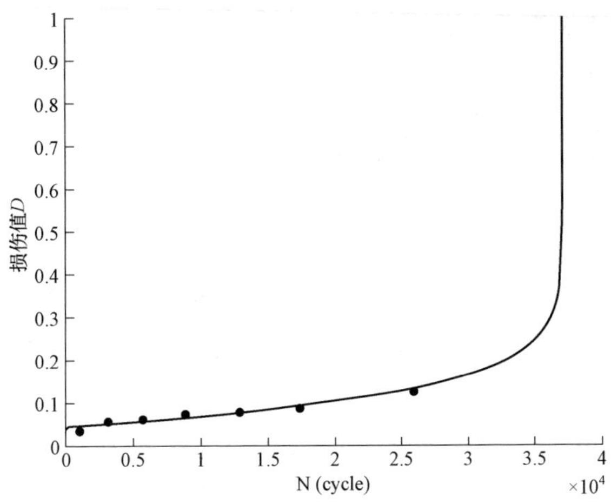

图 4.16　0～470 MPa 损伤退化拟合图

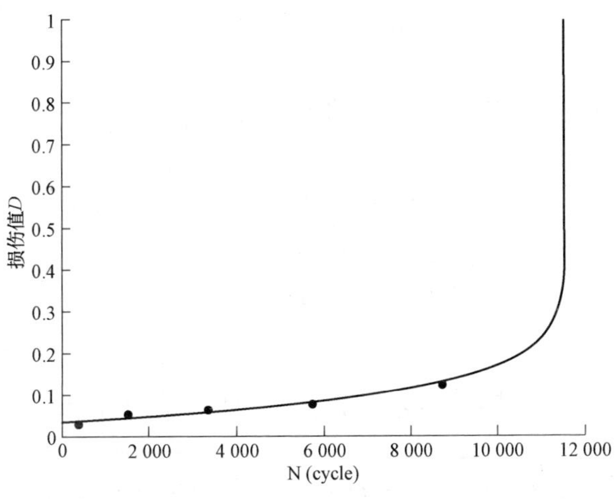

图 4.17　0～480 MPa 损伤退化拟合图

分析式（4.45），损伤指数 $q(\sigma_{max},T)$ 是关于 σ_{max} 的变量，将最大循环应力 σ_{max} 拟合到损伤指数中，从而可以在模型中体现出不同应力对于模型的影响，损伤指数 q 与最大循环应力 σ_{max} 拟合曲线如图 4.18 所示。

损伤指数与最大循环应力 σ_{Max} 拟合关系：

$$q = 5\,517.4\sigma_{max}^{-1.806} \tag{4.53}$$

相关度： R = 0.952。

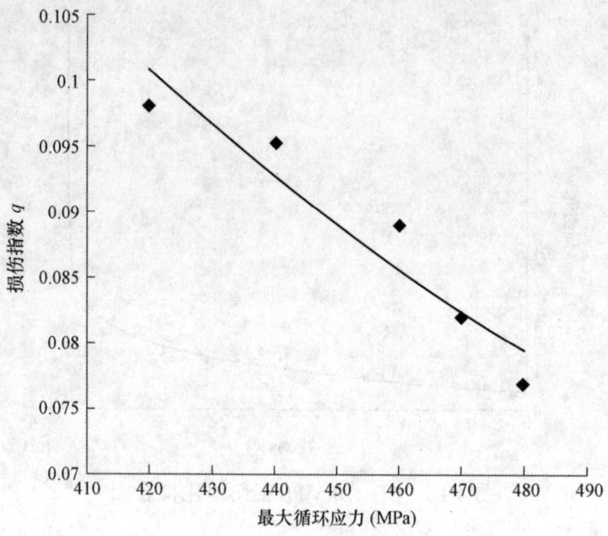

图 4.18　损伤指数 q 与最大循环应力 σ_{Max} 拟合曲线

得出在温度为 250 ℃条件下的损伤模型为：

$$D = 1-(1-D_0)\left(1-\frac{N}{N_f}\right)^{5\,517.4\sigma_{\max}{}^{-1.806}} \tag{4.54}$$

结合式（3.18）与式（4.54）得：

$$D = 1-(1-D_0)\left\{1-\frac{N}{[239.72/(\sigma_{\max}-121.51)]^{6.983\,2}}\right\}^{5\,517.4\sigma_{\max}{}^{-1.806}} \tag{4.55}$$

4.6.4　温度为 300 ℃下不同应力状态的损伤退化过程

温度为300 ℃下拟合结果见表4.4，拟合退化曲线如图4.19～图4.23 所示。

表 4.4　温度 300 ℃下的疲劳损伤模型拟合结果表

试件	$\sigma_{\max}$ / MPa	$\sigma_{\min}$ / MPa	T / ℃	D_0	q	N_f
L4.1	420	0	300	0.020 3	0.127 6	290 175
L4.2	440	0	300	0.019 6	0.121 04	242 116
L4.3	460	0	300	0.030 2	0.113 7	177 545
L4.4	470	0	300	0.026 1	0.109 32	96 386
L4.5	480	0	300	0.042 6	0.099	42 352

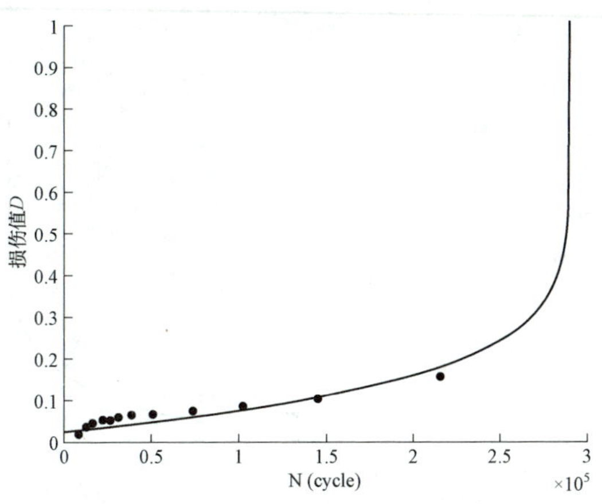

图 4.19　0～420 MPa 损伤退化拟合图

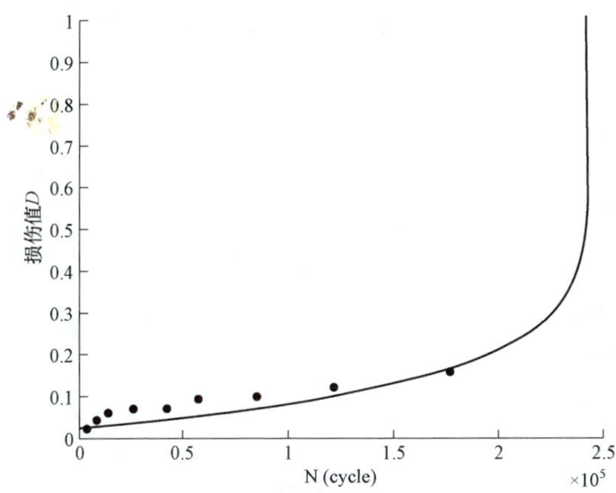

图 4.20　0～440 MPa 损伤退化拟合图

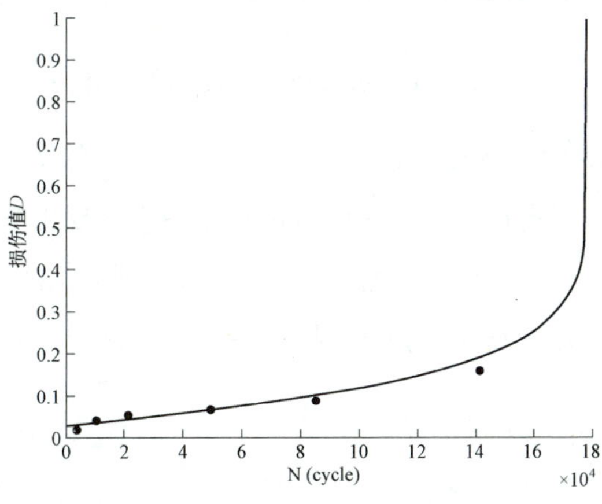

图 4.21　0～460 MPa 损伤退化拟合图

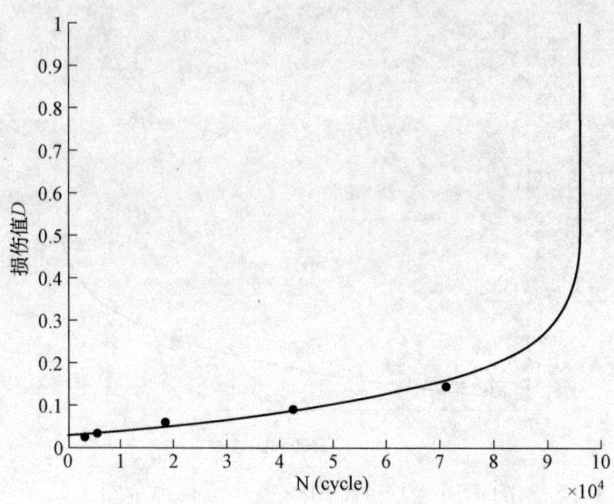

图 4.22　0～470 MPa 损伤退化拟合图

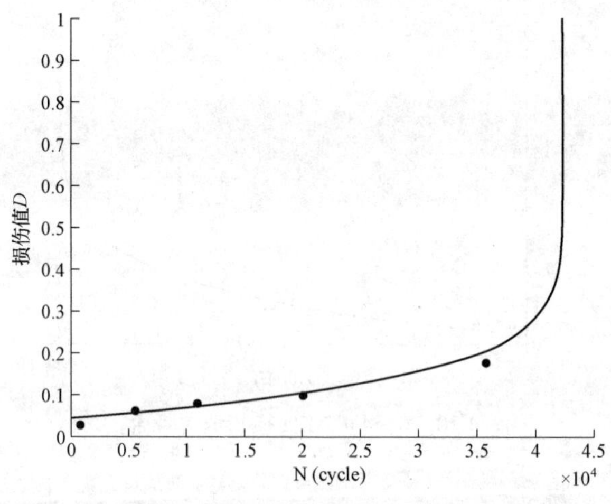

图 4.23　0～480 MPa 损伤退化拟合图

分析式（4.45），损伤指数 $q(\sigma_{\max},T)$ 是关于 $\sigma_{\max}$ 的变量，将最大循环应力 $\sigma_{\max}$ 拟合到损伤指数中，从而可以在模型中体现出不同应力对于模型的影响，损伤指数 q 与最大循环应力 $\sigma_{\max}$ 拟合曲线如图 4.24 所示。

损伤指数与最大循环应力 $\sigma_{\max}$ 拟合关系：

$$q = 4\,974.5\sigma_{\max}^{-1.747\,1} \tag{4.56}$$

相关度：R = 0.954 5。

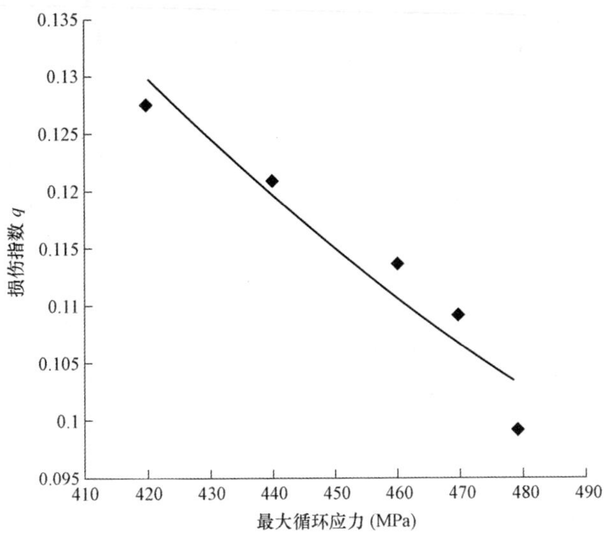

图 4.24　损伤指数 q 与最大循环应力 σ_{max} 拟合曲线

得出在温度为 300 ℃条件下的损伤模型为：

$$D=1-(1-D_0)\left(1-\frac{N}{N_f}\right)^{4\,974.5\sigma_{max}^{-1.747\,1}} \tag{4.57}$$

结合式（3.22）与式（4.57）得：

$$D=1-(1-D_0)\left\{1-\frac{N}{[680.6/(\sigma_{max}-124.15)]^{4.409\,2}}\right\}^{4\,974.5\sigma_{max}^{-1.747\,1}} \tag{4.58}$$

4.6.5　温度为 320 ℃下不同应力状态的损伤退化过程

温度为320 ℃下拟合结果见表4.5，拟合退化曲线如图4.25～图4.29所示。

表 4.5　温度 320 ℃下的疲劳损伤模型拟合结果表

试件	σ_{max} / MPa	σ_{min} / MPa	T / ℃	D_0	q	N_f
L5.1	420	0	320	0.028 9	0.133 25	313 251
L5.2	440	0	320	0.050 6	0.129 4	266 813
L5.3	460	0	320	0.028 3	0.121 6	206 324
L5.4	470	0	320	0.027 7	0.113 3	116 957
L5.5	480	0	320	0.036 3	0.104 9	53 827

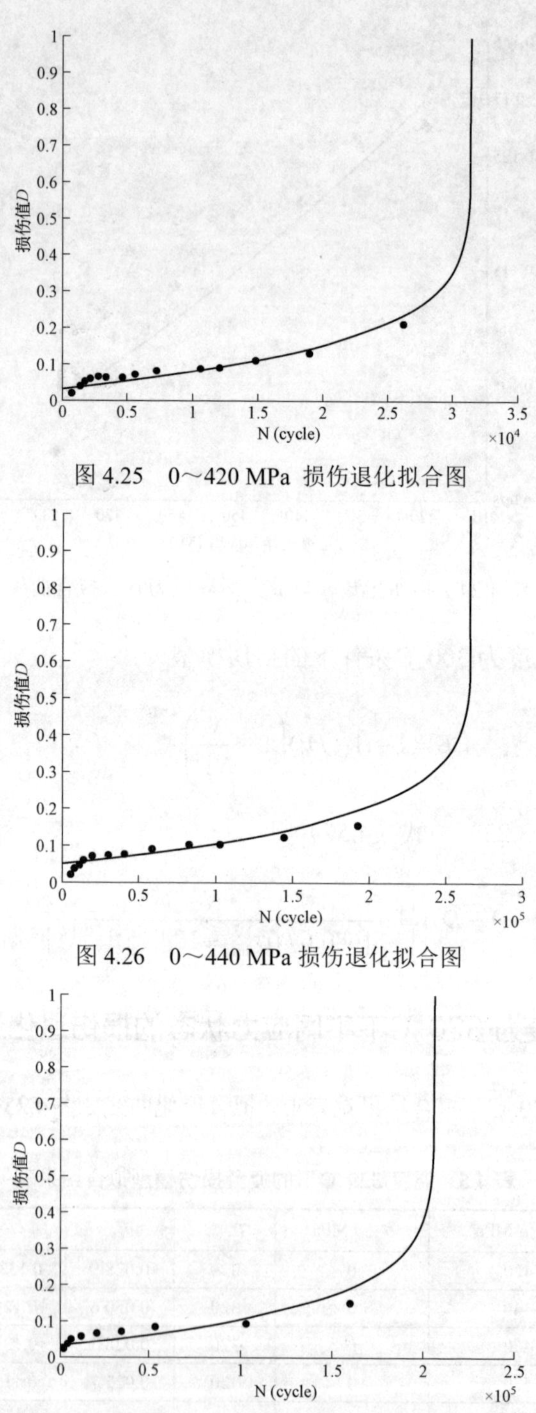

图 4.25　0～420 MPa 损伤退化拟合图

图 4.26　0～440 MPa 损伤退化拟合图

图 4.27　0～460 MPa 损伤退化拟合图

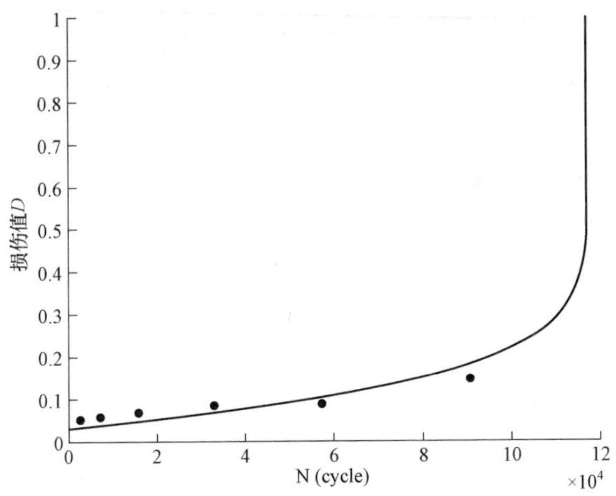

图 4.28　0～470 MPa 损伤退化拟合图

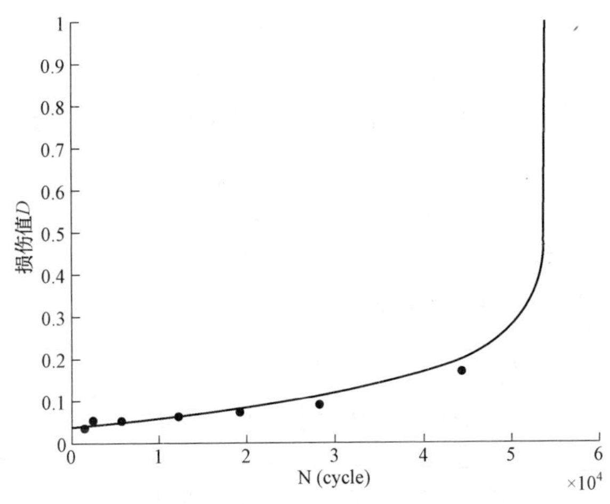

图 4.29　0～480 MPa 损伤退化拟合图

分析式（4.45），损伤指数 $q(\sigma_{max},T)$ 是关于 σ_{max} 的变量，将最大循环应力 σ_{max} 拟合到损伤指数中，从而可以在模型中体现出不同应力对于模型的影响，损伤指数 q 与最大循环应力 σ_{max} 拟合曲线如图 4.30 所示。

损伤指数与最大循环应力 σ_{max} 拟合关系：

$$q = 4\,514.8\sigma_{max}^{-1.722\,3} \tag{4.59}$$

相关度：R = 0.945。

得出在温度为 320 ℃条件下的损伤模型为：

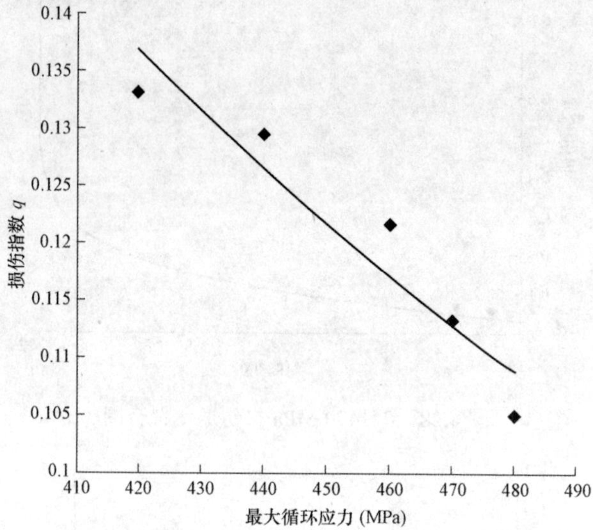

图 4.30　损伤指数 q 与最大循环应力 σ_{max} 拟合曲线

$$D=1-(1-D_0)\left(1-\frac{N}{N_f}\right)^{4\,514.8\sigma_{max}^{-1.722\,3}} \tag{4.60}$$

结合式（3.26）与式（4.60）得：

$$D=1-(1-D_0)\left\{1-\frac{N}{[1\,028.19/(\sigma_{max}-127.55)]^{3.776\,4}}\right\}^{4\,514.8\sigma_{max}^{-1.722\,3}} \tag{4.61}$$

4.6.6　温度为 350 ℃下不同应力状态的损伤退化过程

温度为 350 ℃下拟合结果见表 4.6，拟合退化曲线如图 4.31～图 4.35 所示。

表 4.6　温度 350 ℃下的疲劳损伤模型拟合结果表

试件	σ_{max} / MPa	σ_{min} / MPa	T / ℃	D_0	q	N_f
L6.1	420	0	350	0.026 8	0.119 9	267 087
L6.2	440	0	350	0.038 5	0.113 55	226 816
L6.3	460	0	350	0.043 5	0.109 27	147 557
L6.4	470	0	350	0.022 1	0.102 51	72 644
L6.5	480	0	350	0.031 8	0.092	31 261

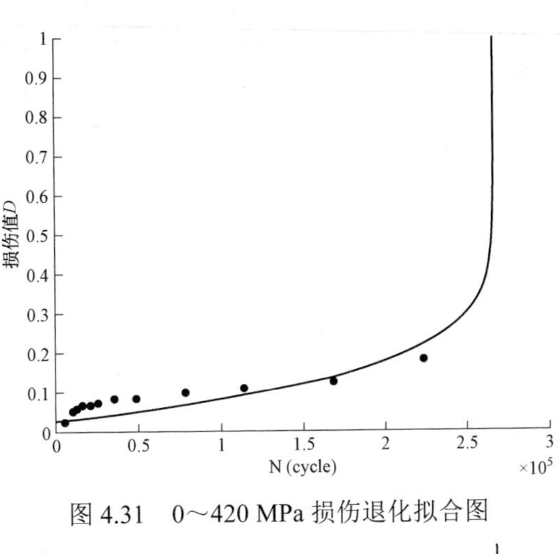

图 4.31　0～420 MPa 损伤退化拟合图

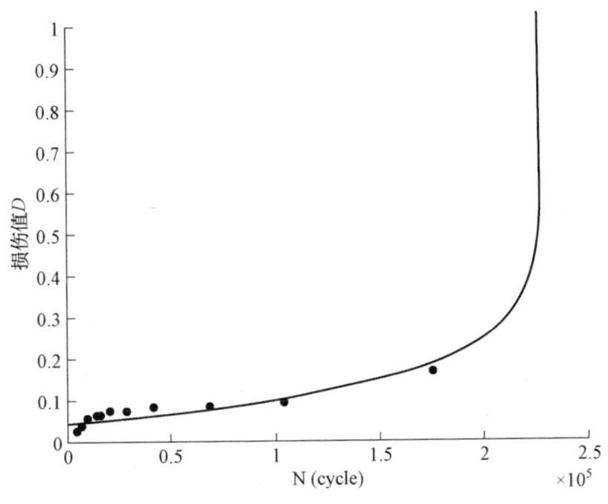

图 4.32　0～440 MPa 损伤退化拟合图

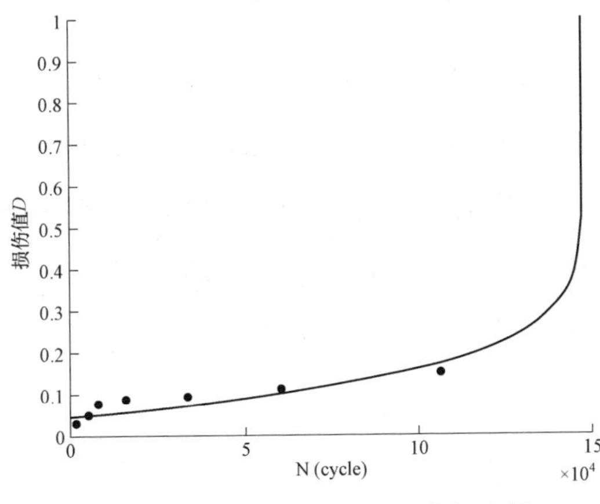

图 4.33　0～460 MPa 损伤退化拟合图

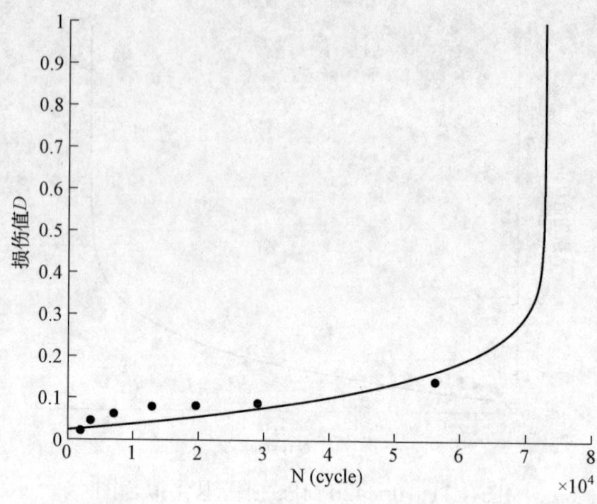

图 4.34　0～470 MPa 损伤退化拟合图

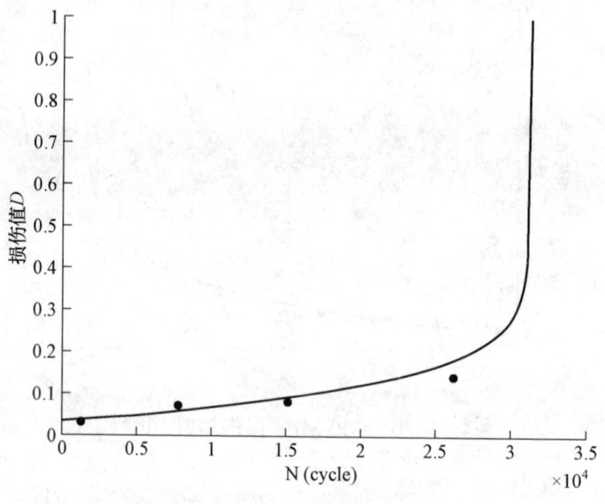

图 4.35　0～480 MPa 损伤退化拟合图

分析式（4.45），损伤指数 $q(\sigma_{max},T)$ 是关于 σ_{max} 的变量，将最大循环应力 σ_{max} 拟合到损伤指数中，从而可以在模型中体现出不同应力对于模型的影响，损伤指数 q 与最大循环应力 σ_{max} 拟合曲线如图 4.36 所示。

损伤指数与最大循环应力 σ_{max} 拟合关系：

$$q = 5\,315\sigma_{max}^{-1.767\,7} \tag{4.62}$$

相关度：R = 0.929 9。

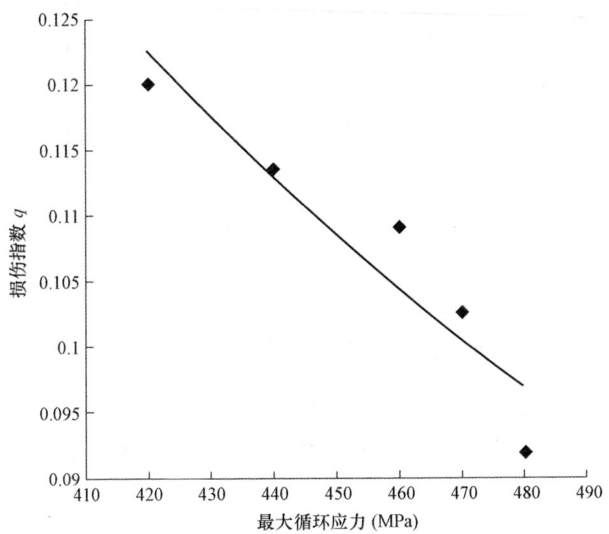

图 4.36　损伤指数 q 与最大循环应力 σ_{max} 拟合曲线

得出在温度为 350 ℃条件下的损伤模型为：

$$D=1-(1-D_0)\left(1-\frac{N}{N_f}\right)^{5\,315\sigma_{max}^{-1.767\,7}} \tag{4.63}$$

结合式（3.30）与式（4.63）得：

$$D=1-(1-D_0)\left\{1-\frac{N}{[464/(\sigma_{max}-121.89)]^{5.171}}\right\}^{5\,315\sigma_{max}^{-1.767\,7}} \tag{4.64}$$

4.6.7　温度为 400 ℃下不同应力状态的损伤退化过程

温度为400 ℃下拟合结果见表4.7，拟合退化曲线如图4.37～图4.41 所示。

表 4.7　温度 400 ℃下的疲劳损伤模型拟合结果表

试件	σ_{max} / MPa	σ_{min} / MPa	T / ℃	D_0	q	N_f
L7.1	420	0	400	0.037 7	0.078 11	136 743
L7.2	440	0	400	0.023 6	0.074 2	95 498
L7.3	460	0	400	0.015 6	0.071 2	55 531
L7.4	470	0	400	0.017 9	0.066 1	24 765
L7.5	480	0	400	0.015 2	0.058 9	4 512

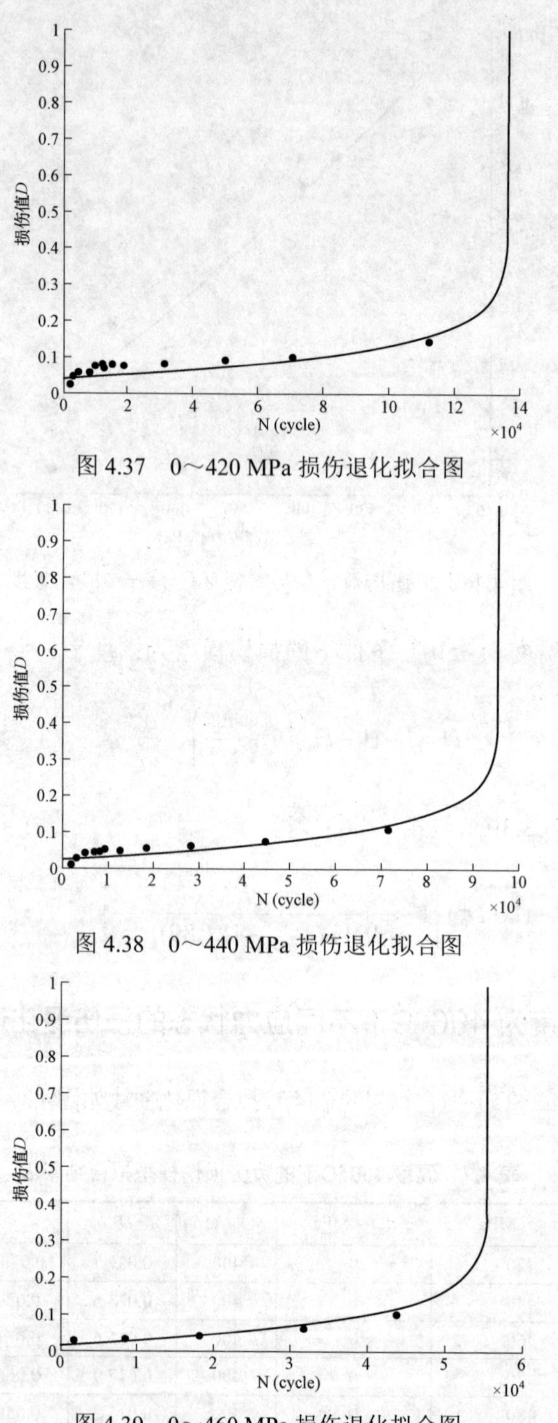

图 4.37　0～420 MPa 损伤退化拟合图

图 4.38　0～440 MPa 损伤退化拟合图

图 4.39　0～460 MPa 损伤退化拟合图

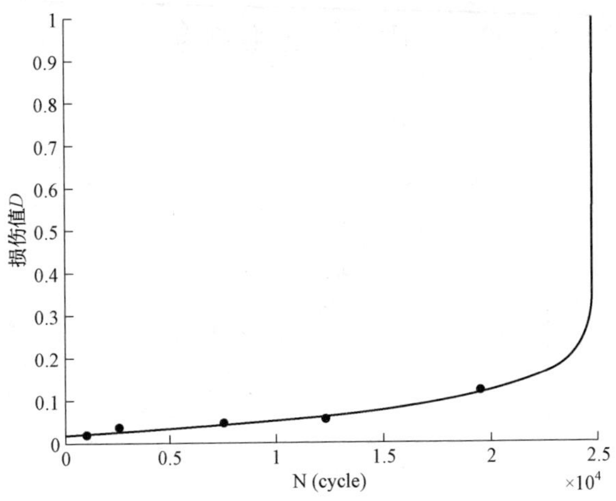

图 4.40　0～470 MPa 损伤退化拟合图

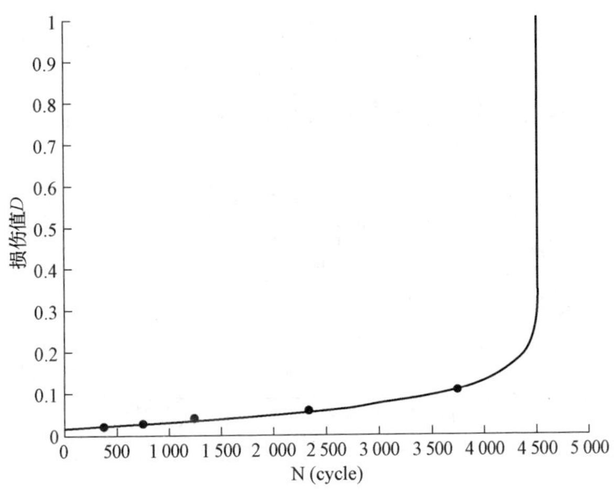

图 4.41　0～480 MPa 损伤退化拟合图

分析式（4.45），损伤指数 $q(\sigma_{max},T)$ 是关于 σ_{max} 的变量，将最大循环应力 σ_{max} 拟合到损伤指数中，从而可以在模型中体现出不同应力对于模型的影响，损伤指数 q 与最大循环应力 σ_{max} 拟合曲线如图 4.42 所示。

损伤指数与最大循环应力 σ_{max} 拟合关系：

$$q = 7\,429.6\sigma_{max}^{-1.893\,3} \tag{4.65}$$

相关度：R = 0.923 3。

得出在温度为 400 ℃条件下的损伤模型为：

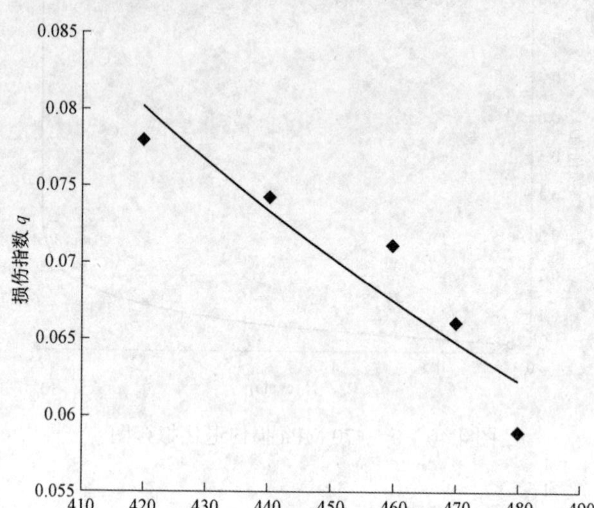

图 4.42　损伤指数 q 与最大循环应力 σ_{max} 拟合曲线

$$D=1-(1-D_0)\left(1-\frac{N}{N_f}\right)^{7\,429.6\sigma_{max}^{-1.893\,3}} \tag{4.66}$$

结合式（3.34）与式（4.66）得：

$$D=1-(1-D_0)\left\{1-\frac{N}{[175.15/(\sigma_{max}-118.11)]^{8.764\,2}}\right\}^{7\,429.6\sigma_{max}^{-1.893\,3}} \tag{4.67}$$

4.7　环境温度对损伤指数的影响

分析式（4.45），损伤指数 $q(\sigma_{max},T)$ 不仅仅只是最大循环应力 σ_{max} 的函数，温度对于损伤指数也存在影响，这种影响并不是简单的线性关系，在温度 320 ℃时，此次疲劳试验出现寿命峰值，故在损伤指数与温度拟合时，以温度 320 ℃为界，采用分段拟合的方式，将温度拟合到损伤指数中。式（4.47）、式（4.50）、式（4.53）、式（4.56）、式（4.59）、式（4.62）

和式（4.65）为不同环境温度下的损伤指数与最大循环应力 σ_{max} 的拟合关系，将拟合参数整理见表 4.8。在损伤指数与最大循环应力 σ_{max} 拟合关系式中，将环境温度以温度系数 $k_1(T)$ 与温度指数 $k_2(T)$ 的形式表达，如式（4.68）。

$$q(\sigma_{max},T)=k_1(T)\sigma_{max}^{\ \ k_2(T)} \tag{4.68}$$

表 4.8　不同温度下的温度参数 k_1 与 k_2 数据表

温度 T / ℃	温度系数 k_1	温度指数 k_2
20	8 157.6	− 1.923 8
150	6 970.9	− 1.876 3
250	5 517.4	− 1.806
300	4 974.5	− 1.747 1
320	4 514.8	− 1.722 3
350	5 315	− 1.767 7
400	7 429.6	− 1.893 3

温度分别式（4.68）中的温度系数 k_1 与温度指数 k_2 进行拟合，以温度 320 ℃为界分为两个区间，对 k_1 与 k_2 分段拟合。

4.7.1　系数 k_1 与温度的拟合

20 ℃≤T<320 ℃时：

$$k_1=-0.014\,3T^2-7.186\,1T+8\,318.6 \tag{4.69}$$

320 ℃≤T≤400 ℃时：

$$k_1=0.195\,2T^2-104.13T+17\,845 \tag{4.70}$$

4.7.2　系数 k_2 与温度的拟合

20 ℃≤T<320 ℃时：

$$k_2 = 2.010\times10^{-6}T^2 + 6.102\times10^{-6}T - 1.923\,9 \tag{4.71}$$

320 ℃≤T≤400 ℃时：

$$k_2 = -1.021\times10^{-5}T^2 + 0.006\,9T - 2.636\,2 \tag{4.72}$$

4.8 不同环境温度、不同应力下的损伤退化模型

结合式（3.43）与式（3.44），即可得到 Q345B 钢在中温环境（20～400 ℃）应力控制疲劳试验下的综合损伤退化模型：

20 ℃≤T<320 ℃时：

$$D=1-(1-D_0)\left(1-\frac{N}{\left(\dfrac{\sigma_{max}-115.38e^{0.000\,3T}}{106.31e^{0.005\,7T}}\right)^{\frac{1}{-3\times10^{-6}T^2+0.000\,6T-0.121\,7}}}\right)^{(-0.014\,3T^2-7.186\,1T+8\,318.6)\sigma_{max}^{2.010\times10^{-6}T^2+6.102\times10^{-6}T-1.9239}} \tag{4.73}$$

320 ℃≤T≤400 ℃时：

$$D=1-(1-D_0)\left(1-\frac{N}{\left(\dfrac{\sigma_{max}-170.42e^{-0.000\,9T}}{1.01\times10^{6}e^{-0.021\,9T}}\right)^{\frac{1}{-1.02\times10^{-5}T^2+0.009T-2.138}}}\right)^{(0.1952T^2-104.13T+17\,845)\sigma_{max}^{-1.021\times10^{-5}T^2+0.006\,9T-2.636\,2}} \tag{4.74}$$

分析不同温度以及不同循环应力状态的损伤退化曲线，可以看到在循环次数达到断裂寿命的 83%左右时，损伤值急剧增大，表明此时损伤已经局部化，此时的损伤值即为临界损伤 D_c，临界损伤 D_c 在 0.18 到 0.27 之间。损伤模型中的初始损伤 D_0 可由试验数据估算而来，对此次试验数据拟合结果中的 D_0 取均值，$D_0 = 0.029\,846$。

此次应力控制疲劳试验的应力比为零，但实际工程中，循环应力的应力比并非一定为零，在式（4.73）与式（4.74）中可以看出，最大循环应力并不能体现出应力比对损伤模型的影响，在以后的研究中，会继续研究在损伤退化模型中用平均应力代替最大循环应力是否能正确反映应力比对损伤模型的影响。

4.9　本章小结

（1）在杨铁成等学者损伤模型的基础上，结合本次不同温度的应力控制疲劳试验，将环境温度 T 考虑到损伤模型中的损伤指数 $q(\sigma_{\max},T)$ 中，使本章中的损伤退化模型能够方便地应用于工程实际中不同温度的寿命评估工作。

（2）实际工作中的铸造起重机，桥架金属结构受到钢水热辐射的影响，温度对于桥架金属结构寿命影响不能忽略，本章的损伤退化模型，为在有限元分析桥架金属结构的损伤分析中，提供损伤计算的依据。

（3）通过损伤值与循环寿命的拟合，确定了 Q345B 钢的临界损伤 D_c 在 0.18 到 0.27 之间，为铸造起重机裂纹萌生阶段寿命的计算提供了数据支持。

（4）本章中最主要的内容不仅仅是推导出了损伤退化模型，也为分析材料的初始损伤 D_0 提供了新的方法，尤其在现有探伤的手段无法测量材料微观缺陷的情况下，为量化材料初始缺陷 D_0 提供了新的方法。

（5）以 Q345B 钢动态应变时效显著强化温度为界，分别推导出在 20～320 ℃与 320～400 ℃两个温度区间的损伤退化模型，为在中温环境下工作的 Q345B 钢提供损伤计算模型。

第 5 章

基于损伤力学的铸造起重机金属结构有限元仿真

有限元方法是用较简单的问题代替复杂问题后再求解，将实际工程中的连续性问题离散为有限数目的单元，然后求出近似解。有限元方法不仅计算精度高，而且能适应各种复杂形状。对于实际工程中难以计算得到精确解的问题，有限元分析提供了一种行之有效的工程分析手段。目前已经有很多学者[111-114]运用有限元方法对桥式起重机金属结构进行分析，而且得到了计算精度比较高的结果。但大多数起重机金属结构的有限元分析以静态为主，本章运用 Lemaitre 在损伤力学理论中的应变等价原理[115]，运用有效应力方法，对铸造起重机金属结构裂纹萌生阶段寿命进行模拟计算。

5.1 有限元法分析步骤

5.1.1 结构的离散化

将结构体分散为有限个单元体，并在单元体的指定点设置结点，使集合体中的单元保持一定的连续性。

5.1.2　选择位移模式

位移模式以多项式的形式表达，多项式项数等于单元的自由度数，而且单元自由度等于单元节点位移的个数，位移矩阵为：

$$\{f\}=[N]\{\delta\}^e \tag{5.1}$$

式中：$\{f\}$——单元内任一点的位移。

$\{\delta\}^e$——单元结点的位移。

$[N]$——形函数。

5.1.3　分析单元的力学性能

由几何方程，从式（5.1）导出用结点位移表示的单元应变为：

$$\{\varepsilon\}=[B]\{\delta\}^e \tag{5.2}$$

式中：$[B]$——为单元应变矩阵。

由本构方程，导出用结点位移表示的单元应力为：

$$\{\sigma\}=[D][B]\{\delta\}^e \tag{5.3}$$

式中：$[D]$——与单元材料有关的弹性矩阵。

由变分原理，建立单元上结点力与结点位移间的关系式-平衡方程为：

$$\{F\}^e=[K]^e\{\delta\}^e \tag{5.4}$$

式中：$[K]^e$——单元刚度矩阵。

$$[K]^e=\int_{V^e}[B]^T[D][B]\mathrm{d}V \tag{5.5}$$

5.1.4　集合所有单元的平衡方程

建立整个结构的平衡方程组集总纲，总刚度矩阵为$[K]$。由总刚度形成的整个结构的平衡方程为：

$$[K]\{\delta\}=\{F\} \tag{5.6}$$

式中：$[K]$——结构的整体刚度矩阵。

$\{\delta\}$——结构的整体节点位移列阵。

$\{F\}$——结构的整体节点载荷列阵。

上述方程在引入几何边界条件时，将进行适当修改。

5.1.5 计算应力、应变和位移

确定边界条件，对平衡方程求解，计算节点的应变和应力以及单元的应力和应变。

5.2 损伤力学在有限元法中的应用

在式（4.4）中可以看出，随着损伤值的变化，等效损伤应力也同时发生变化，导致结构弹性模量等材料数和力学性能的变化，造成应力场和应变场的重新分布。

5.2.1 应力应变场与损伤场的耦合

在有限元分析中，计算应力应变场的同时，还应该考虑损伤场对有限元分析的影响，当损伤场与应力场共同作用时，使得损伤结构的有限元系统方程变为非线性的和可能为非稳定的，可以通过忽略损伤场与应力应变场的相互作用，来减轻耦合计算带来的困难[116]。

Lemaitre 认为结构发生破坏位置通常在很小的局部区域[117]，相比于整个结构来说相对很小，对于铸造起重机箱型梁截面也同样出现这种情况，损伤通常出现在箱型梁危险截面的危险点处如图 5.1、图 5.2 所示。在实际工作中，尤其 1 点与 2 点的应力最大，原因是焊接处的应力集中或微观缺陷所导致，在建模过程中尤其要对 1 点与 2 点处的单元细化。

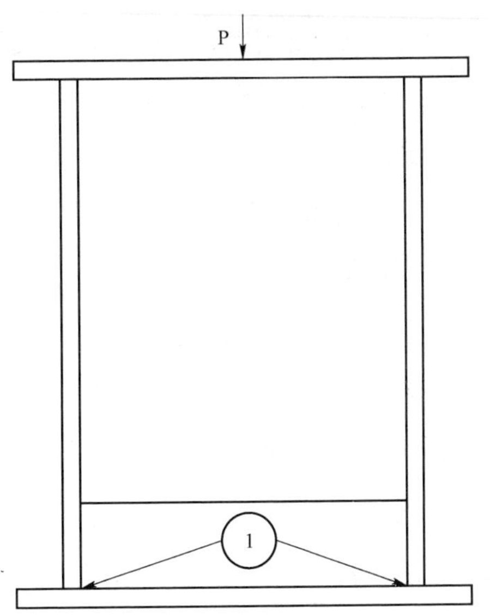

图 5.1　主主梁跨中危险截面的危险点示意图

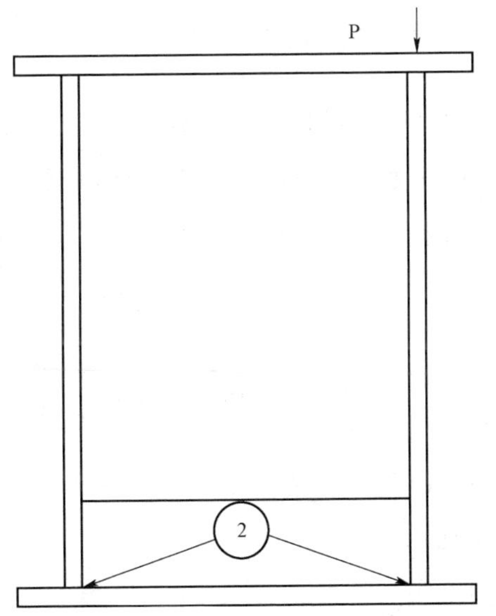

图 5.2　副主梁跨中危险截面的危险点示意图

5.2.2　损伤计算与有限元计算的结合与实现

有限元模型中每个单元的应力与温度均不相同，当载荷循环 N 次时，所导致的损伤值也不相同，需要利用有限元法进行损伤场的计算，即计算各个单元的损伤值，用单元的损伤过程模拟构件的破坏过程。单元损伤通过累积每次循环的损伤增量得到。在有限元模型中，当加载循环 N 次时，单元第 N 个循环的损伤增量与单元前 $N-1$ 个循环形成的损伤（用 D_{N-1} 表示）情况有关，如式（5.7）。

$$D_N = D_{N-1} + \Delta D_N \tag{5.7}$$

当 $N=0$ 时单元的初始损伤为 D_0，由构件的初始情况决定，在第 4 章的疲劳试验中，通过实验数据可以拟合出每根试件的初始损伤，将所有试件的初始损伤取均值，以此均值代替损伤退化模型中的 D_0，取 $D_0 = 0.030\,426$。由于单元处于复杂应力状态下，损伤场与应力应变场之间也存在相互影响，在计算损伤时还必须考虑以下两个问题：

5.2.2.1 计算单元损伤的损伤等效应力

第 4 章的损伤模型是通过拉伸试验数据推导出来的，而在有限元中计算单元损伤时，单元处于三维应力状态，所以需要将三维应力状态下的等效应力与拉伸情况下的应力做相应的转换。

Lemaitre 根据热力学定律提出了损伤等效应力的三维应力模型[118]：

$$\sigma_{deq} = \bar{\sigma}\sqrt{\frac{2}{3}(1+\mu) + (1-2\mu)\left(\frac{\sigma_H}{\bar{\sigma}}\right)^2} \tag{5.8}$$

式中：σ ——Von Mises 等效应力。

σ_H ——静水压力。

μ ——泊松比。

由于拉应力与压应力导致的损伤值不同，在此将损伤等效应力按照应力状态进行区分。

拉伸时：

$$\tilde{\sigma}_{deq} = \sigma_{deq} \tag{5.9}$$

压缩时：

$$\tilde{\sigma}_{deq} = -\left(\frac{1-D}{1-0.2D}\right)^{1/2} \sigma_{deq} \tag{5.10}$$

5.2.2.2　损伤场对应力场的影响

随着循环次数的增加，结构的损伤值也发生变化，D_{N-1} 为循环 $N-1$ 次时的损伤值，材料的弹性模量也随着损伤值的降低而降低。

$$E_N = E_0(1-D_{N-1}) \tag{5.11}$$

在式（5.12）中，E_0 是损伤值为零时的弹性模量，当弹性模量降低后，单元的刚度矩阵也随之降低。

$$[K]_N = (1-D_{N-1})[K]_0 \tag{5.12}$$

式中：$[K]_N$ ——产生损伤后的单元刚度矩阵。

$[K]_0$ ——无损伤时的单元刚度矩阵。

随着单元的损伤值增加，刚度也随之变化，在每次循环后都会生成一次应力应变场，但由于结构寿命很长，计算量将会非常非常大，尤其是在铸造起重机金属结构的大模型下的循环分析时间将会非常长，现采用简化计算方法。根据 lemaitre 损伤力学的应变等价原理[115]，在损伤退化模型中计算时采用有效应力方法，建立模型后，首先计算一次结构的应力场，然后在循环中把单元的应力状态换算成单元的有效损伤应力，计算每一次循环的损伤增量 ΔD_N，得出循环 N 次时有效损伤应力。

$$\tilde{\sigma}_{deq_N} = \frac{\tilde{\sigma}_{deq_{N-1}}}{1-D_{N-1}} \tag{5.13}$$

随着加载次数的增加，损伤值也随之增大，由式（5.13）计算得到累积损伤后的有效损伤应力，然后由当前有效损伤应力再次计算损伤值，当达到临界损伤 D_c 条件后，输出循环次数，即为裂纹萌生阶段寿命。

5.3 有效应力法在 ANSYS 中的实现

ANSYS 程序是一个功能强大、通用性好的有限元分析程序，同时它还具有良好的开放性，用户可以根据自身的需要在标准 ANSYS 版本上进行功能扩充和系统集成，生成具有行业分析特点和符合用户需要的用户版本的 ANSYS 程序。这是对其进行二次开发的基础。

5.3.1 有限元寿命预测方法的计算程序

寿命预测的程序框图如图 5.3 所示，图 5.3 中金属结构有限元计算是由 ANSYS 完成的，框图中损伤退化方程的计算部分是由第 4 章中损伤退化模型式（4.73）和式（4.74）实现。在寿命预估的程序设计中，最为重要的部分是计算损伤等效应力部分，有效应力法[119]可以有效提高有限元的计算效率。该方法假定在损伤场中每个单元都是相对独立的个体，单元的损伤只会影响该单元自身的应力应变，而不会对其他单元的应力应变产生影响，根据损伤力学的应变等价原理，计算单元损伤值。这样就代替了每一次循环都要修改单元刚度重新计算应力应变场的复杂性，尤其是在铸造起重机的模型大的情况下，能够显著提高有限元分析计算效率。

5.3.2 有限元寿命预测方法程序流程

在有限元分析中，需要得到第一主应力、第二主应力、第三主应力以及 Von Mises 应力，用于计算等效损伤应力，见式（5.8），损伤等效应计算程序流程图如图 5.4 所示。在得到等效损伤应力后，就可以在循环中模拟计算出单元达到临界损伤 D_c 的寿命了，裂纹萌生阶段寿命计算程序流程图如图 5.5 所示。

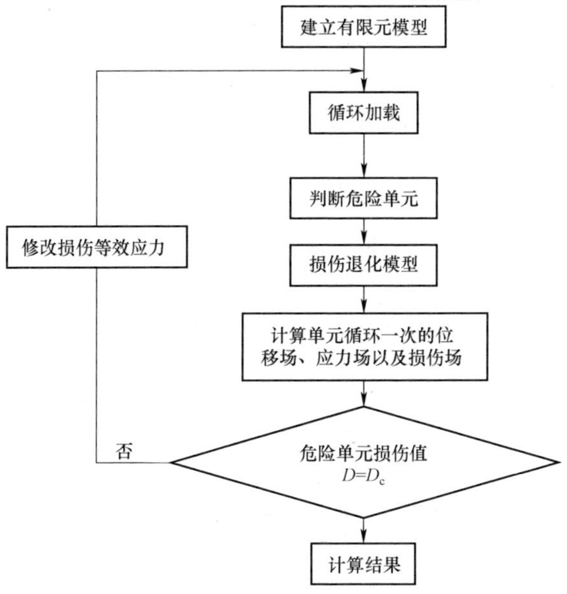

图 5.3　寿命预估的程序设计流程

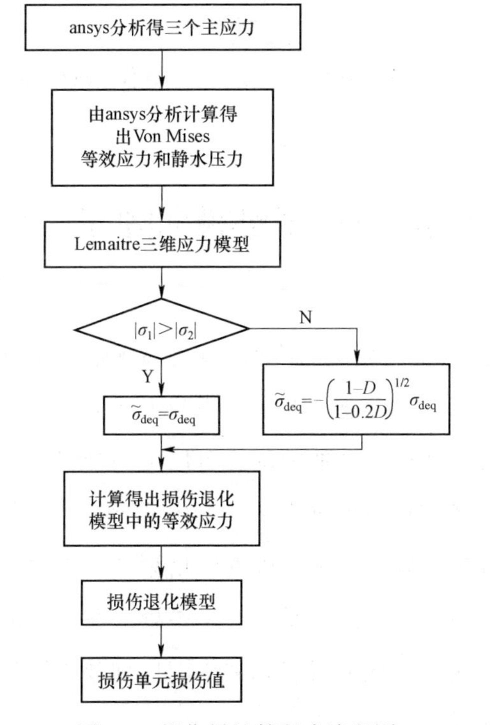

图 5.4　损伤场计算程序流程图

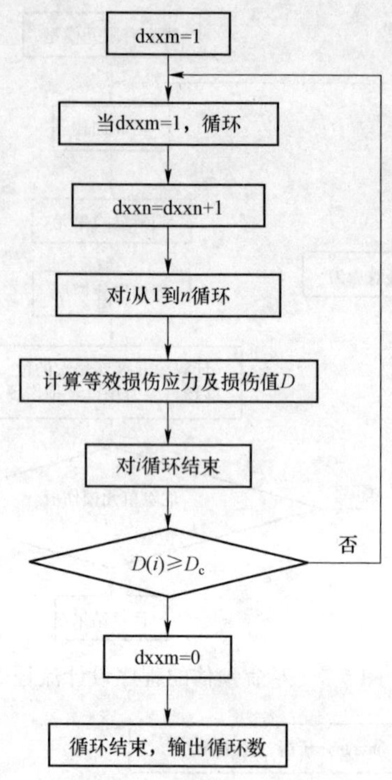

图 5.5 裂纹萌生阶段寿命计算程序流程图

5.4 铸造起重机金属结构建模网格的选择、划分和优化

在损伤力学-有效应力法的应用中，寿命评估工作对于网格划分的粗细程度非常敏感。这类问题主要是考虑应力或应变的情况，重要的部分应该用相对精细的网格，其他的部分可以用稍微粗一些的网格。因此，在铸造起重机金属结构建模过程中，尤其对于图 5.1、图 5.2 中主主梁和副主梁跨中截面的危险点 1 和 2 处的网格划分要更加精细，原因是 1、2 点的名义应力比较大，而且又是应力集中处，在起重机实际工作中，多为初始裂纹萌生位置，根据有限元关于网格划分的经验，网格划分的越精细，计算结果越准确。

5.5　单元破坏判断标准

由第 4 章中的损伤拟合曲线中可以看到，当在全寿命的 80%左右时，损伤值急剧增加，是因为整体损伤已经转化为局部损伤，此时已经出现裂纹，这种现象表明并不是当损伤值等于 1 的时候，材料才发生破坏，损伤达到某一定值（称为材料的临界损伤），材料会很快发生破坏，根据第 4 章不同条件下的拟合结果，Q345B 钢的临界损伤 D_c 在 0.18 到 0.27 之间，从安全角度考虑在这里临界损伤 D_c 取 0.2。

5.6　工程算例

现对某企业 140T/40T 铸造起重机金属结构进行三维建模，桥架总图如图 5.6 所示。图 5.6（a）、图 5.6（b）分别为桥架总图中的俯视图与侧视图，整机数据由大连华锐重工集团公司提供，见表 5.1。

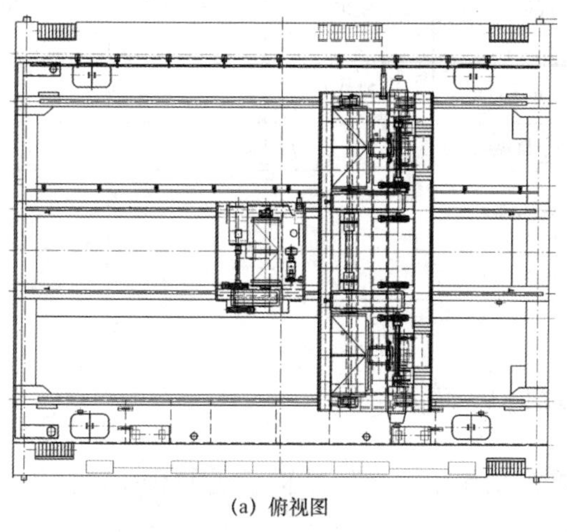

(a) 俯视图

图 5.6　铸造起重机桥架总图

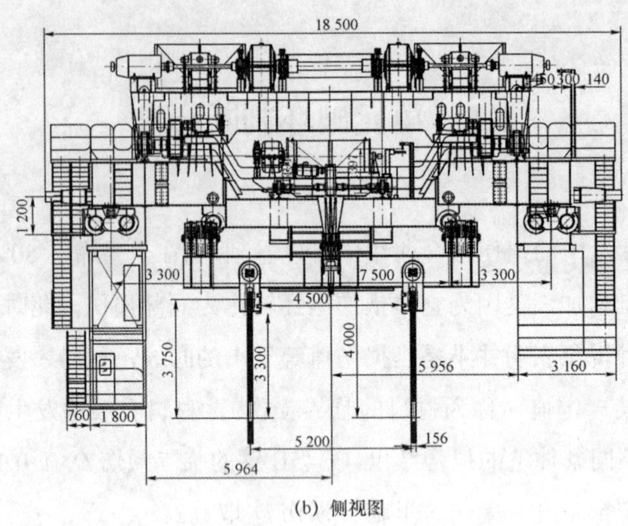

(b) 侧视图

图 5.6　铸造起重机桥架总图（续）

表 5.1　铸造起重机设计参数

类型：铸造起重机	设计参数	主小车（偏轨）		副小车（中轨）	
		主主梁	主端梁	副主梁	副端梁
型号：140/40 t-20.75 m	上盖板厚×宽×长（mm×mm×mm）	16×1 955×21 650	28×900×5 087	20×600×21 630	12×900×8 180
工作级别：A7	下盖板厚×宽×长（mm×mm×mm）	10×1 790×21 650	20×900×5 087	20×600×21 630	12×900×6 652
额定起重量/t：主起升 140，副起升 40	主腹板厚×高×长（mm×mm×mm）	12×2 600×21 010	10×1 337×4 800	8×1 300×19 770	18×930×8 180
	副腹板厚×高×长（mm×mm×mm）	10×2 600×21 010	10×1 337×4 800	8×1 300×19 770	18×930×8 180
用途：钢水浇铸	小车自重/kg	79 430		17 925	
	轨距/mm	11 900		3 300	
桥架形式：四梁	轮距/mm	2 550		2 550	

5.6.1　有限元计算载荷

在铸造起重机工作中，金属结构承受的载荷包括集中载荷和均布载荷，集中载荷包括起吊钢水重量、钢包的重量，主小车自重、副小车自重、司机室自重，均布载荷包括主主梁自重、副主梁自重、主小车轨道自重、副小车轨道自重，栏杆自重、走台自重、导电架自重。大车运行机构和司机室布置在主主梁上，副主梁上没有驱动机构和司机室，主主梁以及副主梁受力示意图如图 5.7、图 5.8 所示。

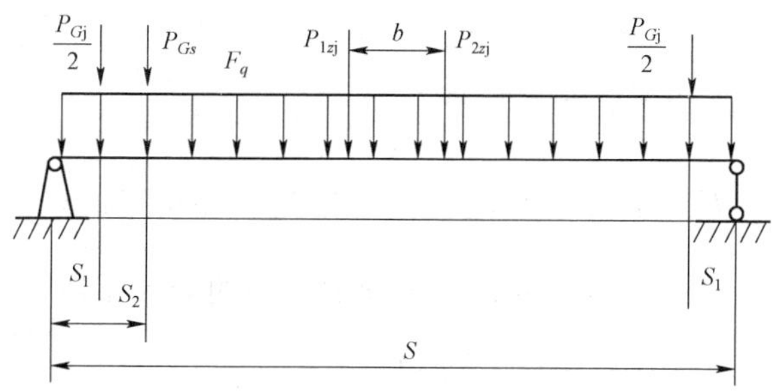

图 5.7　铸造起重机主主梁受力示意图

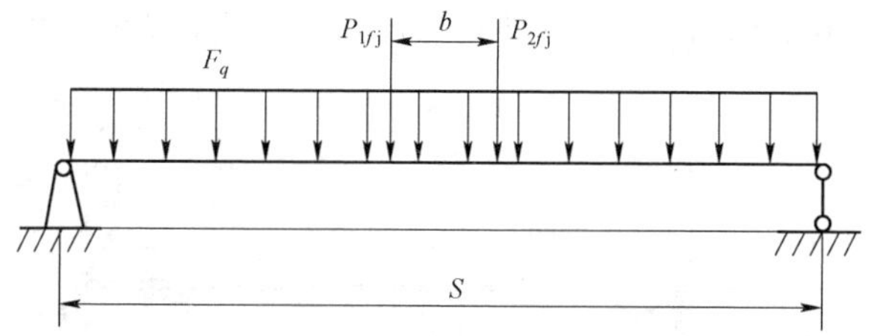

图 5.8　铸造起重机副主梁受力示意图

图中符号意义如下：

F_q——金属结构、轨道以及附属部件均布载荷，N/m。

P_{Gs}——司机室及控制设备载荷，N。

P_{Gj}——大车传动机构自重载荷，N。

b——小车轮距，m。

P_{1zj}、P_{2zj}——主小车轮压，N。

P_{1fj}、P_{2fj}——副小车轮压 N。

S——跨度，m。

S_1、S_2——分别为大车运行机构质心到端梁距离，司机室及设备的质心到端梁距离，m。

为方便计算走台、导电架、栏杆和电器等附属部件的均布载荷，按照以往的设计经验，在计算主主梁和副主梁上附属部件的计算中，分别以主主梁和副主梁自重的 10%考虑。

5.6.1.1 桥架均布载荷

1. 主主梁单位长度自重载荷

$$F_{zq} = k \cdot \rho \cdot A_z \cdot g = 1.2 \times 7\,850 \times A \times 9.8\ \text{N/m} \tag{5.14}$$

式中：K——考虑箱型主梁内横、纵向加劲肋的增大系数，取 1.2。

P——主主梁钢材密度，kg/m³。

A_z——主主梁横截面面积，m²，主主梁截面尺寸如图 5.9 所示。

由图 5.9 中数据得 $A_z = 0.093\,1\ \text{m}^2$，则 $F_{zq} = 8\,603.4\ \text{N/m}$。

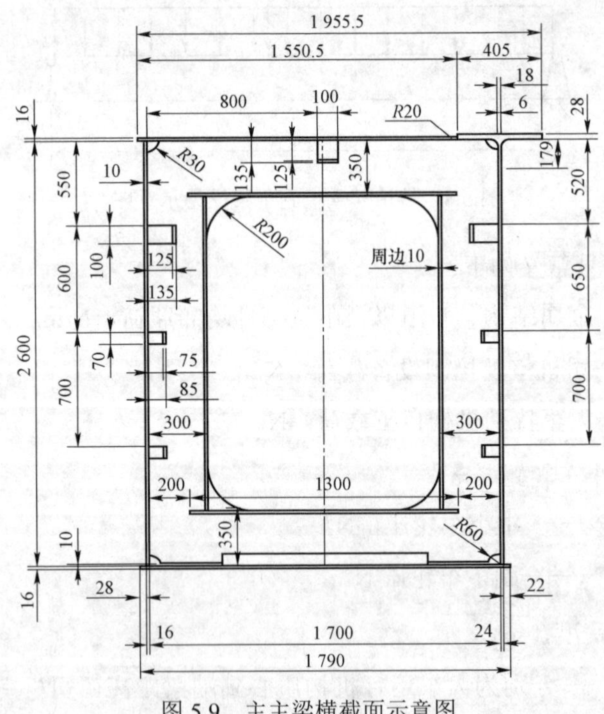

图 5.9　主主梁横截面示意图

2. 副主梁单位长度自重载荷

$$F_{fq} = k \cdot \rho \cdot A_f \cdot g = 1.2 \times 7\,850 \times A \times 9.8\ \mathrm{N/m} \tag{5.15}$$

式中：k——考虑箱型主梁内横、纵向加劲肋的增大系数，这里取 1.2。

ρ——副主梁钢材密度，$\mathrm{kg/m^3}$。

A_f——副主梁横截面面积，$\mathrm{m^2}$，副主梁，副主梁截面尺寸如图 5.10 所示。

由图 5.10 中数据得 $A_f = 0.044\,8\ \mathrm{m^2}$，则 $F_{fq} = 4\,140.0\ \mathrm{N/m}$ 。

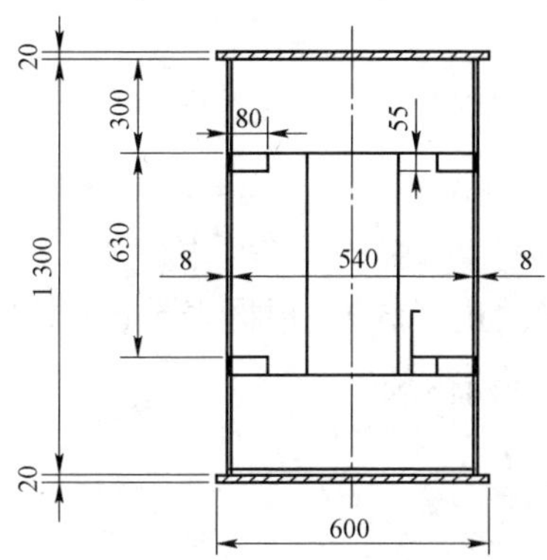

图 5.10　副主梁横截面示意图

3. 主主梁附属部件单位长度自重载荷

$$F'_{zq} = 10\% \times F_{zq} = 860.34\ \mathrm{N/m} \tag{5.16}$$

4. 副主梁附属部件单位长度自重载荷

$$F'_{fq} = 10\% \times F_{fq} = 414.0\ \mathrm{N/m} \tag{5.17}$$

5.6.1.2　桥架集中载荷

1. 司机室及设备的载荷

$$P_{Gs} = m_s \cdot g \tag{5.18}$$

式中：m_s ——司机室及控制设备质量，kg。

司机室自重 $m_s = 1\,590$ kg，则 $P_{Gs} = 15\,582$ N。

2. 大车运行机构重量（共四组，对称布置在主主梁跨端位置）

$$P_{Gj} = m_{Gj} \cdot g \tag{5.19}$$

式中：m_{Gj} ——大车传动机构质量，kg。

大车运行机构自重 $m_{Gj} = 7\,121$ kg，则 $P_{Gj} = 69\,785.8$ N。

5.6.1.3 桥架移动载荷

1. 主小车自重载荷

$$P_{Gzx} = m_{zx} \cdot g \tag{5.20}$$

式中：m_{zx} ——主小车质量（kg），根据表 5.1 中数据，$m_{zx} = 79\,430$ kg，$P_{Gzx} = 778\,414$ N。

2. 副小车自重载荷

$$P_{Gfx} = m_{fx} \cdot g \tag{5.21}$$

式中：m_{fx} ——副小车质量（kg），根据表 5.1 中数据，$m_{fx} = 17\,925$ kg，$P_{Gzx} = 175\,665$ N。

3. 主起升载荷

$$P_{ZQ} = m_{ZQ} \cdot g \tag{5.22}$$

式中：m_{ZQ} ——主起升起重量（kg），满载 $m_{ZQ} = 140\,000$ kg，则 $P_{ZQ} = 1\,372\,000$ N。

4. 副起升载荷

$$P_{FQ} = m_{FQ} \cdot g \tag{5.23}$$

式中：m_{FQ} ——副起升起重量（kg），满载 $m_{FQ} = 40\,000$ kg，则 $P_{FQ} =$

392 000 N。

将以上数据进行整理，起重机桥架所受载荷见表 5.2。

表 5.2　铸造起重机桥架所受载荷

均布载荷 Fq（N/m）				集中载荷/N		移动载荷/N			
F_{zq}	F_{fq}	F'_{zq}	F'_{fq}	P_{GS}	P_{Gj}	P_{Gzx}	P_{Gfx}	P_{ZQ}	P_{FQ}
8 603.4	4 140.0	860.34	414.0	15 582	69 785.8	778 414	175 665	1 372 000	392 000

5.6.2　桥架金属结构有限元分析

铸造起重机桥架结构由于厚度方向尺寸远远小于另外两个方向尺寸，利用壳单元建立结构模型。依据 ASME 标准，力学模型采用简支梁形式，约束面共有四处，分别位于左右端梁。由圣维南原理知在约束处与力作用点$1/15l$处计算不准确，有接触应力集中，对模型进行处理，建立实体单元的轨道模型，用“结合”来模拟实体单元与壳单元之间接触方式。此外，在建立桥架金属结构有限元模型中，对主主梁和副主梁跨中截面腹板与下翼缘板处的单元细化，桥架有限元模型如图 5.11 所示。

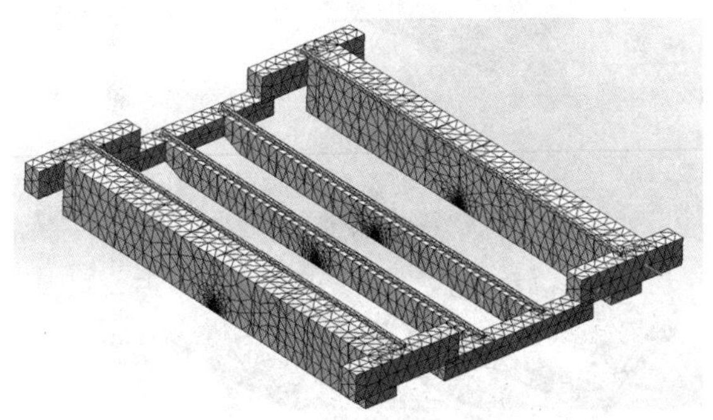

图 5.11　铸造起重机桥架有限元几何模型以及网格划分

图 5.12 为铸造起重机满载，主小车和副小车位于桥架跨中位置时，桥架的应力分布图，图 5.12（a）、图 5.12（b）、图 5.12（c）分别为第一、第二、第三主应力图，图 5.12（d）为 Von Mises 等效应力。

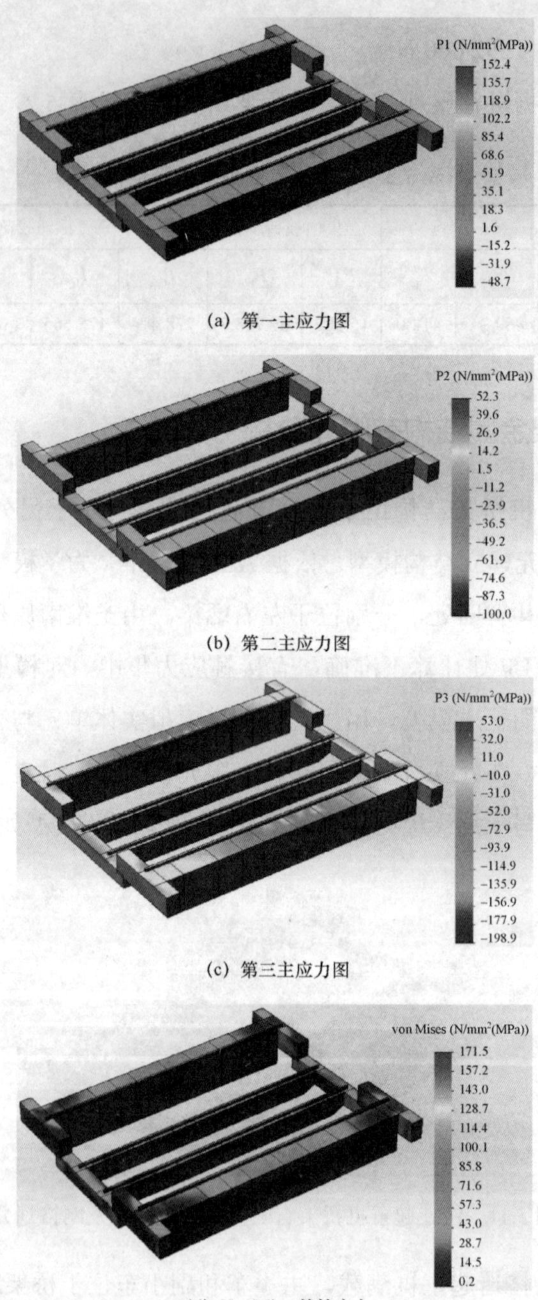

(a) 第一主应力图

(b) 第二主应力图

(c) 第三主应力图

(d) Von Mises等效应力

图 5.12　主副小车位于跨中时桥架应力分布图

图 5.13 为主主梁跨中截面的应力图，图 5.13（a）、图 5.13（b）、图 5.13（c）分别为第一、第二、第三主应力图，图 5.13（d）为 Von Mises 等效应力。

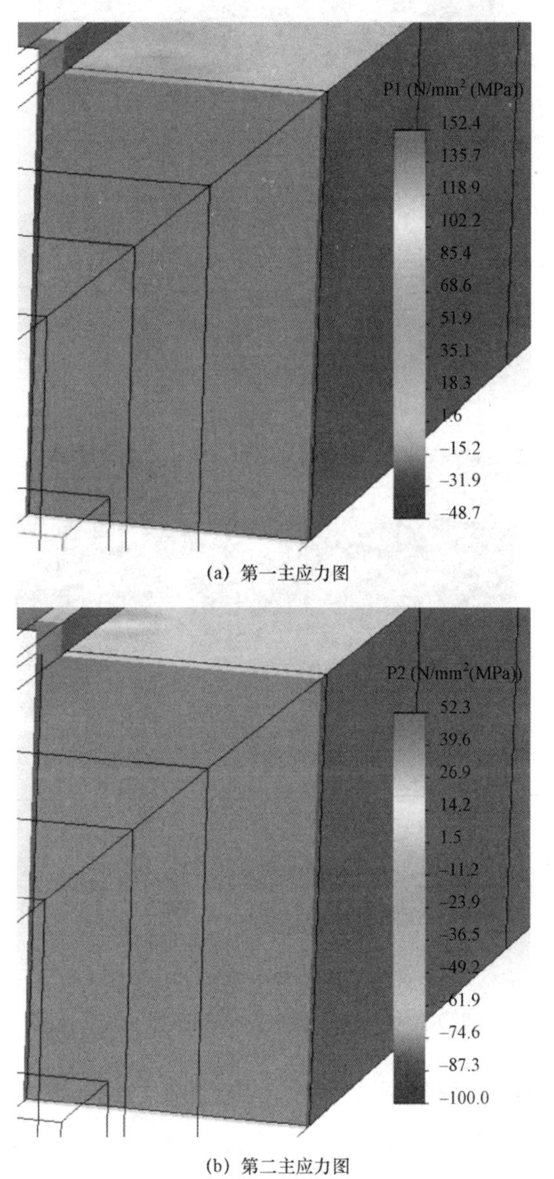

(a) 第一主应力图

(b) 第二主应力图

图 5.13　主小车跨中时主主梁跨中危险截面应力分布图

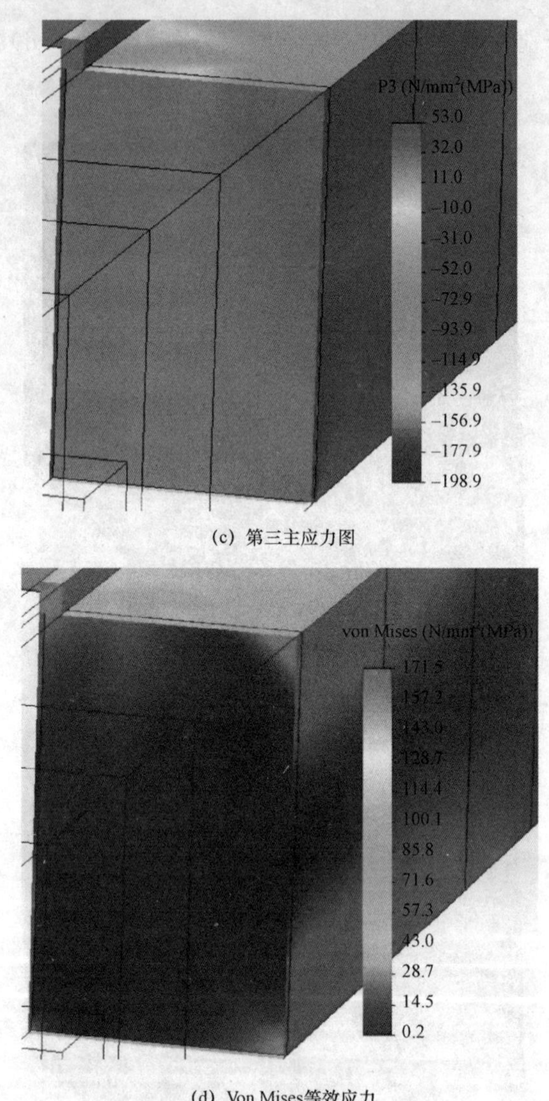

(c) 第三主应力图

(d) Von Mises等效应力

图 5.13　主小车跨中时主主梁跨中危险截面应力分布图（续）

图 5.14 为副主梁跨中截面的应力图，图 5.14(a)、图 5.14(b)、图 5.14(c) 分别为第一、第二、第三主应力图，图 5.14（d）为 Von Mises 等效应力。

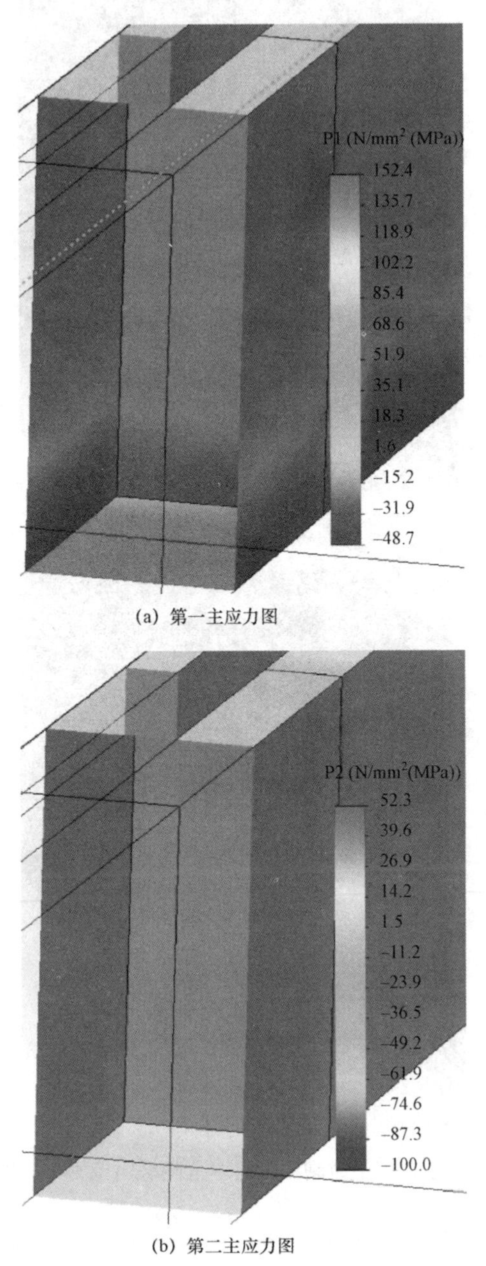

(a) 第一主应力图

(b) 第二主应力图

图 5.14　副小车跨中时副主梁跨中危险截面应力分布图

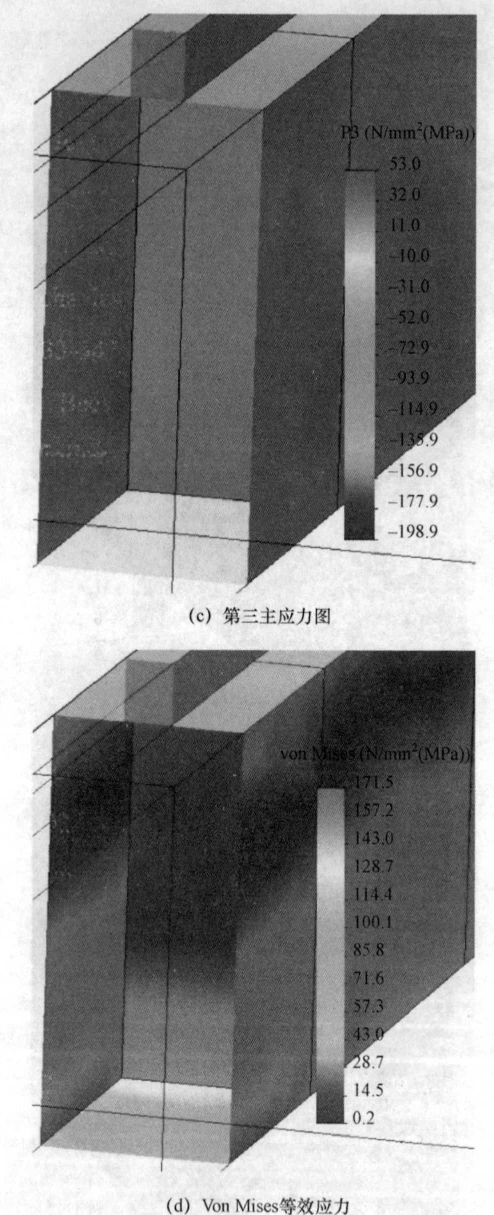

(c) 第三主应力图

(d) Von Mises等效应力

图 5.14　副小车跨中时副主梁跨中危险截面应力分布图（续）

在桥架金属结构有限元分析中，由于应力集中现象，应力最大点分别出现在主小车与副小车车轮与轨道接触点处，但这些应力最大点并没有出现在桥架金属结构中，故不考虑这些点对于桥架金属结构疲劳寿命的影响。在桥架金属结构中，由于腹板与下翼缘板焊接处的应力集中现象，应力最大点分别出现在主主梁与副主梁跨中截面危险点处，危险点如图 5.1 与图 5.2 所示。

5.6.3　铸造起重机桥架金属结构热力学分析

铸造起重机在实际工作中，桥架金属结构受到下方的钢包中钢水的热辐射，Q345 钢的熔点为 1 400 ℃左右，在有限元热分析中，在桥架模型下方 4.5 m 处设置一个直径 5.0 m 的热源，考虑到浇铸钢水时因温度太低导致表面凝固过快，实际工作中出炉钢水温度为 1 600 ℃左右，将热源温度设置为 1 600 ℃，现对桥架进行热力学分析，桥架金属结构温度分布图如图 5.15 所示。

图 5.15　铸造起重机桥架金属结构温度分布图

在有限元模拟中，主主梁下翼缘板跨中处最大温度为 162.2 ℃，副主梁下翼缘板跨中处最大温度为 189.7 ℃，对比铸造车间实地测量温度，主主梁下翼缘板跨中处最大实测温度为 153 ℃，副主梁下翼缘板跨中处最大温度为 198 ℃，主主梁温度误差为 4.3%，副主梁温度误差为 5.6%，误差在允许范围以内。在确定了桥架金属结构温度场的前提下，由损伤退化模型式（4.73）计算损伤值。

5.6.4 结果分析

当危险单元损伤值达临界损伤后，停止循环，输出循环次数，表 5.3 中循环次数 N_f 为危险点单元达到临界损伤 $D_c = 0.2$ 时的循环次数，因为循环次数和寿命之间存在正比关系，所以根据一个标准工作日的时间可以换算得到裂纹萌生阶段寿命。

表 5.3 结构有限元仿真计算结果

危险点 / 循环次数	主主梁跨中截面危险点单元	副主梁跨中截面危险点单元
$N_f\big\|_{D=0.2}$	1 056 459	1 236 281

由循环结果可以看出，主主梁跨中截面危险点裂纹萌生寿命要略短于副主梁跨中截面危险点裂纹萌生寿命，主要原因是由于副主梁跨中截面危险点温度高于主主梁跨中截面危险点的温度，副主梁跨中截面危险点温度更接近 Q345B 钢的动态应变时效强化温度。

5.7 本章小结

通过对于铸造起重机的有限元仿真预测寿命，得出以下结论：

（1）本章主要介绍了损伤力学与有限元方法的结合，以第 4 章中的疲劳损伤模型为计算依据，采用有效应力法与有限元程序计算铸造起重机结构危险点单元达到临界损伤值的循环次数，提出了一种新的评估铸造起重机裂纹萌生阶段寿命的方法。

（2）在有限元计算中，在每一次载荷循环中，计算出等效损伤应力，求出每个单元的损伤值，将危险截面的危险点处临界损伤值 D_c 作为判断裂纹萌生阶段的依据。

（3）在有限元模拟的过程中，运用有效应力法可以避免在大模型的情况下每一次循环都要修改单元刚度重新计算应力应变场的复杂性，能够显著提高有限元分析计算效率。

（4）对铸造起重机整体桥架进行分析，分析仿真结果数据，发现主主梁跨中截面危险点的裂纹萌生阶段寿命最短，虽然主主梁跨中截面危险点的损伤等效应力与副主梁跨中截面危险点的损伤等效应力相差不多，但副主梁跨中截面危险点的温度更接近 Q345B 钢的动态应变时效温度，越接近动态应变时效温度，温度对 Q345B 钢基体起到了强化保护作用，提高了 Q345B 钢的疲劳性能。

第 6 章

中温环境下 Q345B 钢的裂纹扩展行为研究

Q345B 钢是铸造起重机最常用的结构钢之一，铸造起重机金属结构受到钢水辐射的影响，使得金属结构温度高于常温，在这种情况下，再用常温的试验数据计算裂纹扩展行为就不合适了。本章通过不同温度下 Q345B 钢的裂纹扩展实验，分析环境温度对 Q345B 钢裂纹扩展行为的影响，得出了环境温度对 Paris 公式中的参数 C 和 m 的变化规律。

6.1 试验条件

此次疲劳断裂试验选用 CT 试件，试件尺寸如图 6.1 所示。在不同环境温度（20 ℃、150 ℃、250 ℃、320 ℃、400 ℃），一定载荷水平 $P_{max}=6$ kN 下的边缘穿透型裂纹的扩展过程试验，记录裂纹尺寸的发展历程，疲劳裂纹扩展速率试验严格按照《金属材料疲劳裂纹扩展速率试验方法》（GB 6398—2000）[120]的要求进行。

试验机：本次试验采用的是长春机械科学研究院有限公司 SDS-100 型显微成像电液伺服动静试验机，最大载荷为 100 kN。该试验设备可以实现自动控制，动态 COD 测量裂纹尺寸以及数据处理。

应力比：$R=0.1$。

载荷波形：三角波。

频率：10 Hz。

引伸计：采用的是长春机械科学院的动态 COD 引伸计（陶瓷杆式）；使用温度：1 200 ℃；标距：20 mm：量程：+2.5 mm。

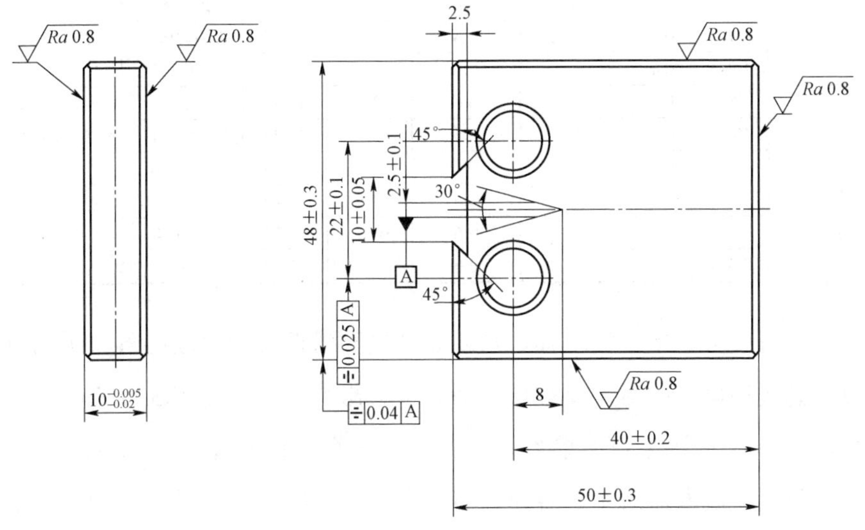

图 6.1　CT 试件尺寸参数

6.2　不同温度下 Q345B 钢的疲劳寿命

将不同温度下的 CT 试件分别编号：20 ℃下试件编号 C1-1、C1-2、C1-3，150 ℃下试件编号 C2-1、C2-2、C2-3，250 ℃编号 C3-1、C3-2、C3-3，320 ℃下编号 C4-1、C4-2、C4-3，400 ℃下编号 C5-1、C5-2、C5-3。表 6.1 为 CT 试样在不同温度试验下的疲劳寿命。

表 6.1　Q345B 钢在不同温度下的疲劳寿命

温度	试样编号	应力比 R	P_{max}/kN	P_{min}/kN	a_i 至 a_f 扩展寿命			
					a_i	a_f	N_f（cycle）	N_f 平均值（cycle）
20 ℃	C1-1	0.1	6	0.6	10.81	27.52	127 021	128 603
	C1-2	0.1	6	0.6	10.82	27.49	128 143	
	C1-3	0.1	6	0.6	10.84	27.51	130 646	
150 ℃	C2-1	0.1	6	0.6	10.78	28.73	157 495	157 346
	C2-2	0.1	6	0.6	10.79	28.71	159 248	
	C2-3	0.1	6	0.6	10.80	28.68	155 296	
250 ℃	C3-1	0.1	6	0.6	10.82	30.88	208 481	203 653
	C3-2	0.1	6	0.6	10.82	30.89	201 962	
	C3-3	0.1	6	0.6	10.83	30.92	200 517	
320 ℃	C4-1	0.1	6	0.6	10.79	30.33	252 123	249 340
	C4-2	0.1	6	0.6	10.78	30.27	245 721	
	C4-3	0.1	6	0.6	10.81	30.29	250 176	
400 ℃	C5-1	0.1	6	0.6	10.80	31.47	88 758	91 926
	C5-2	0.1	6	0.6	10.81	31.52	92 384	
	C5-3	0.1	6	0.6	10.79	31.49	94 636	

分析表 6.1 中数据可知，从初始裂纹到接近失稳阶段的寿命平均值可以看到环境温度对裂纹扩展寿命有很大影响，当温度在 320 ℃时，裂纹扩展寿命达到最大值，裂纹扩展寿命是常温下 1.94 倍，在温度为 400 ℃时，裂纹扩展寿命最小，寿命只有常温下的 71.5%。而且从不同温度下的裂纹扩展寿命可以看出，环境温度对 Q345B 钢的裂纹扩展寿命并不是简单的递增或是递减关系，而是在 20～320 ℃时，随着温度的升高，扩展寿命是逐渐增大的，当温度到达 400 ℃后，寿命显著降低。

6.3　试验结果的处理计算

6.3.1　裂纹扩展速率的计算

将不同温度下的 a-N 数据按照七点递增多项式方法[121]的数学原

理进行处理。对数据点以及相邻前后三个数据点，用最小二乘法进行拟合。

$$a_i = b_0 + b_1 \times H_i + b_2 \times H_i^2 \tag{6.1}$$

式中：$H_i = (N_i - C_1) / C_2$。

$C_1 = (N_{i+3} + N_{i-3}) / 2$。

$C_2 = (N_{i+3} - N_{i-3}) / 2$。

b_0、b_1、b_2——最小二乘法拟合后的系数。

a_i——循环 N_i 次时的裂纹长度。

对式（6.1）求导，即可得到裂纹扩展速率：

$$(\mathrm{d}a / \mathrm{d}N)_i = b_1 / C_2 + 2b_2(N_i - C_1) / C_2^2 \tag{6.2}$$

6.3.2　应力强度应子幅的计算

对于 CT 试样，应力强度应子幅由下式计算：

$$\Delta K = \frac{\Delta P}{B\sqrt{W}} \frac{\left(2 + \frac{a}{W}\right)}{\left(1 - \frac{a}{W}\right)^{3/2}} \left[0.866 + 4.64\frac{a}{W} - 13.32\left(\frac{a}{W}\right)^2 + 14.72\left(\frac{a}{W}\right)^3 - 5.6\left(\frac{a}{W}\right)^4\right] \tag{6.3}$$

式中：W——试样宽度。

a——计算裂纹长度。

B——试样厚度。

6.3.3　不同温度下的 Paris 公式参数的计算

通过不同温度的裂纹扩展数据的拟合推导出裂纹扩展速率表达式。

目前，最为常用的是 Paris 公式：

$$da / dN = C(\Delta K)^m \tag{6.4}$$

将式（6.4）等式两边取对数：

$$\lg(da / dN) = \lg(C) + m(\Delta K) \tag{6.5}$$

令 $Y = \lg(da / dN)$， $X = \lg(\Delta K)$， $A = \lg(C)$， $B = m$，得：

$$Y = A + BX \tag{6.6}$$

式（6.6）为线性函数，式中参数 A 和 B 用下式求出：

$$A = \overline{y} - B\overline{x} \tag{6.7}$$

$$B = \frac{L_{xy}}{L_{xx}} \tag{6.8}$$

$\overline{y} = \frac{1}{n}\sum_{i=1}^{n} y_i$； $\overline{x} = \frac{1}{n}\sum_{i=1}^{n} x_i$； $L_{xx} = \sum_{i=1}^{n}(x_i - \overline{x})^2$； $L_{xy} = \sum_{i=1}^{n}(x_i - \overline{x})(y_i - \overline{y})$。

按照式（6.5）～式（6.8）确定 Paris 公式中的参数，即可得到不同温度下的 $da / dN - \Delta K$ 变化曲线。

6.4 不同环境温度下的试验结果与分析

影响裂纹扩展的因素非常多，如温度、载荷、尺寸和材料等因素[122-123]，找到一种能够综合各种因素的裂纹扩展速率表达式非常困难，目前为止，大多数研究只是对特定情况的裂纹扩展速率行为进行分析，本章主要讨论的是温度对裂纹扩展行为的影响。

6.4.1 温度为 20 ℃下的试验结果与分析

图 6.2～图 6.4 是温度为 20 ℃下的 3 组 CT 试样的 *a-N* 数据。

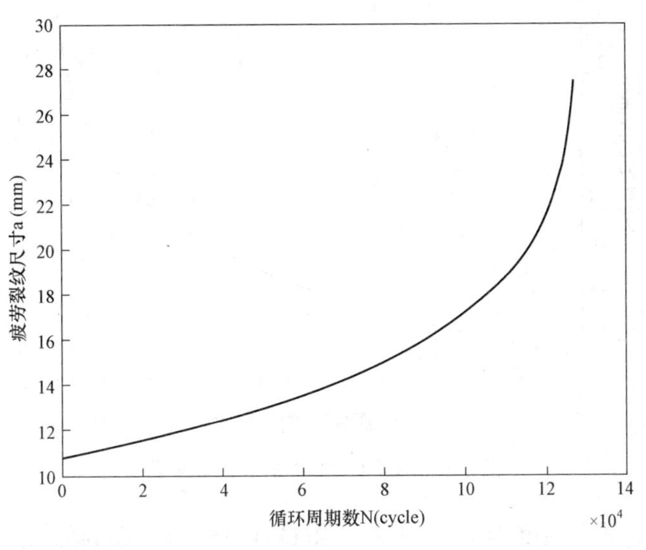

图 6.2　试样 C1-1 的 *a-N* 试验结果

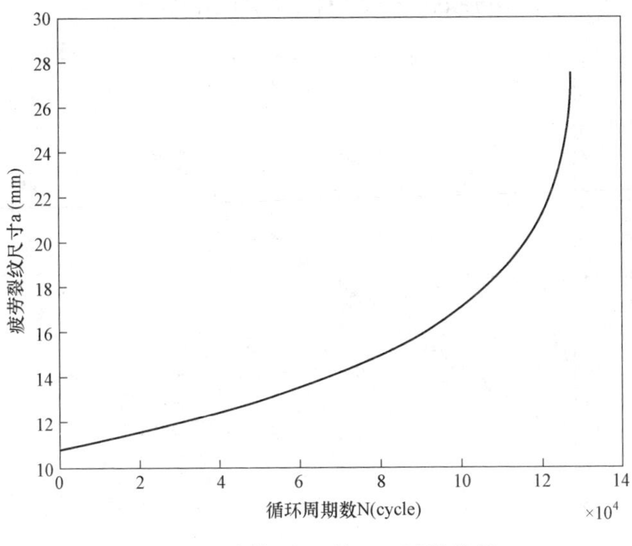

图 6.3　试样 C1-2 的 *a-N* 试验结果

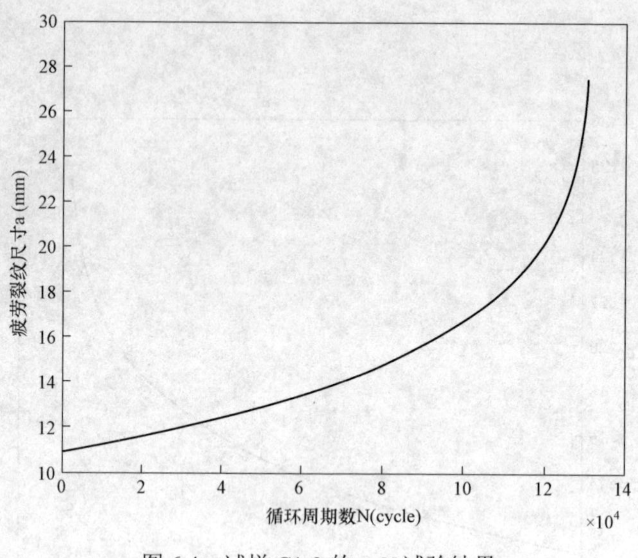

图 6.4　试样 C1-3 的 *a-N* 试验结果

图 6.5 是在温度为 20 ℃下的 5 组试样试验数据得到的 $\mathrm{d}a/\mathrm{d}N-\Delta K$ 之间的关系曲线，用 Paris 公式回归得到在温度为 20 ℃下裂纹扩展速率关系式为：

$$\mathrm{d}a/\mathrm{d}N = 5.5131\times10^{-12}(\Delta K)^{3.3231} \tag{6.9}$$

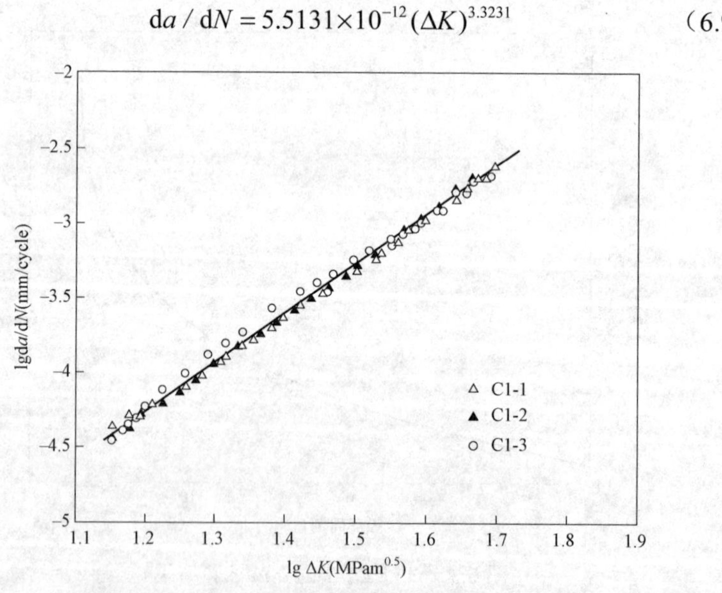

图 6.5　温度为 20 ℃下 $\mathrm{d}a/\mathrm{d}N-\Delta K$ 函数关系式

6.4.2　温度为 150 ℃下的试验结果与分析

图 6.6～图 6.8 是温度为 150 ℃下的 3 组 CT 试样的 *a-N* 数据。

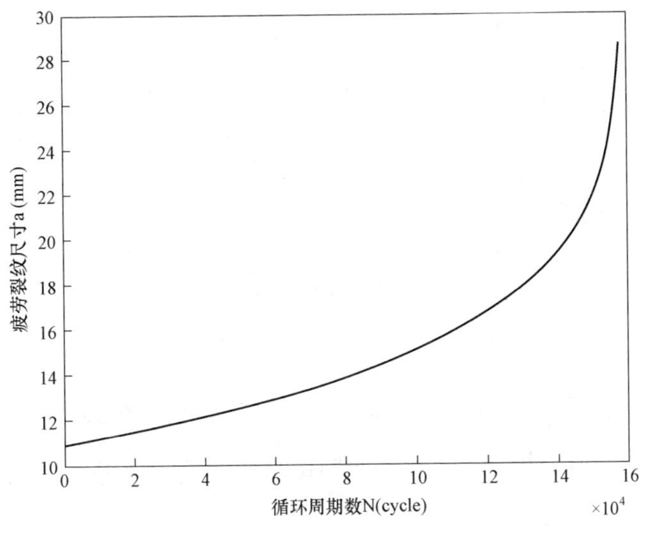

图 6.6　试样 C2-1 的 *a-N* 试验结果

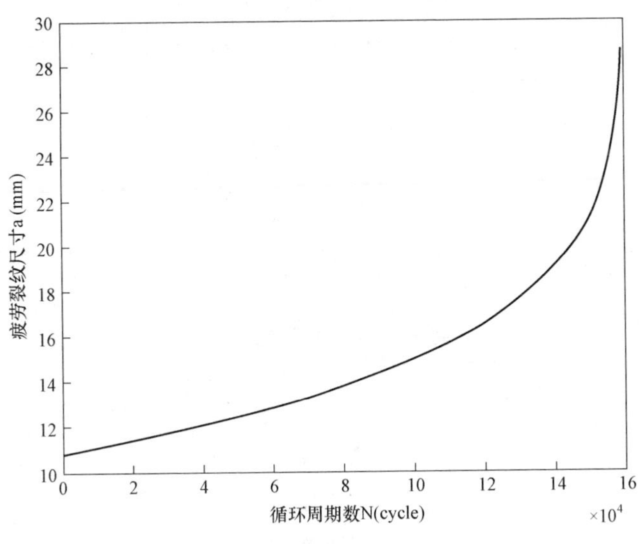

图 6.7　试样 C2-2 的 *a-N* 试验结果

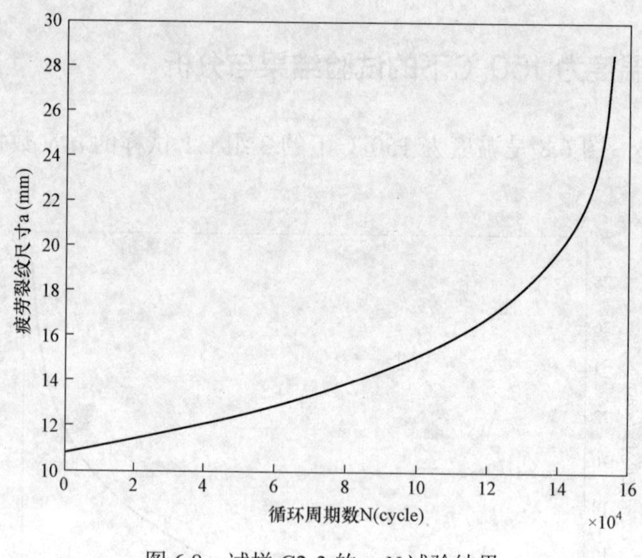

图 6.8　试样 C2-3 的 a-N 试验结果

图 6.9 是在温度为 150 ℃下的 5 组试样试验数据得到的 $\mathrm{d}a/\mathrm{d}N-\Delta K$ 之间的关系曲线，用 Paris 公式回归得到在温度为 150 ℃下裂纹扩展速率关系式为：

$$\mathrm{d}a/\mathrm{d}N = 4.040\,2\times10^{-12}(\Delta K)^{3.357\,6} \tag{6.10}$$

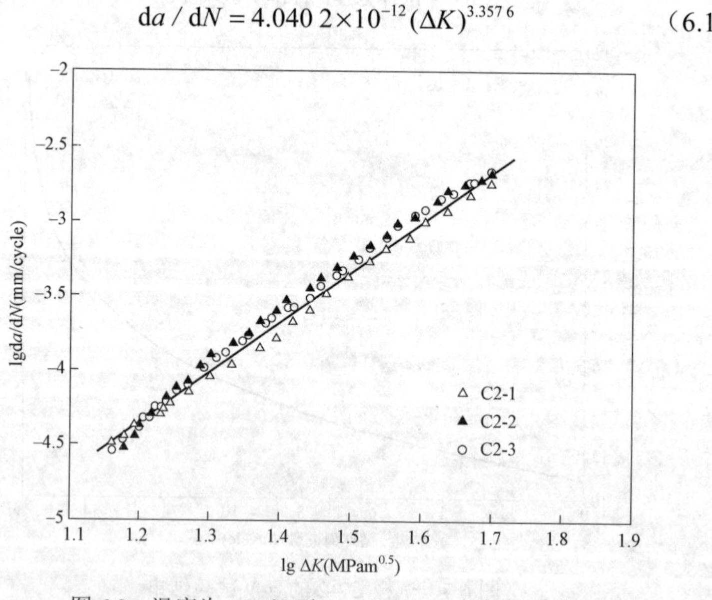

图 6.9　温度为 150 ℃下 $\mathrm{d}a/\mathrm{d}N-\Delta K$ 函数关系式

6.4.3　温度为 250 ℃下的试验结果与分析

图 6.10～图 6.12 是温度为 250 ℃下的 5 组 CT 试样的 *a-N* 数据。

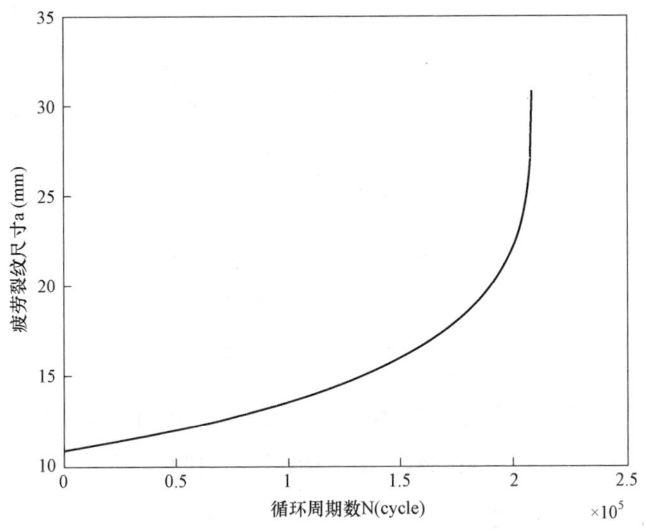

图 6.10　试样 C3-1 的 *a-N* 试验结果

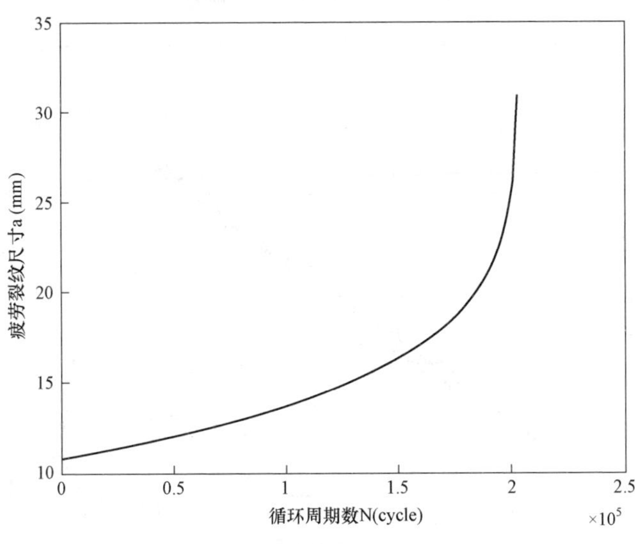

图 6.11　试样 C3-2 的 *a-N* 试验结果

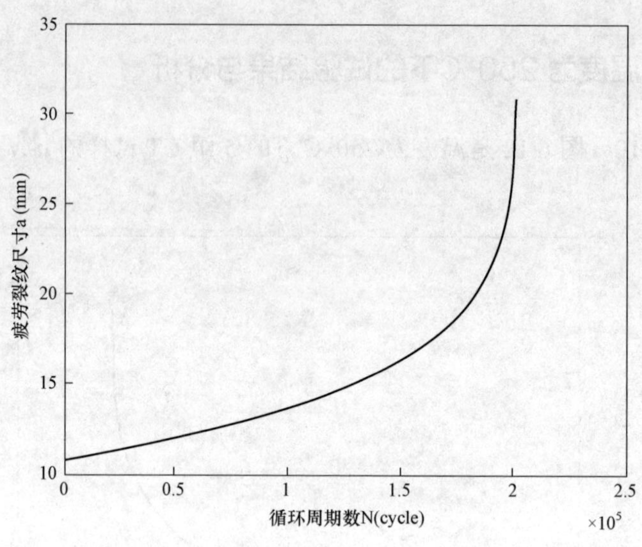

图 6.12 试样 C3-3 的 *a-N* 试验结果

图 6.13 是在温度为 250 ℃下的 5 组试样试验数据得到的 $\mathrm{d}a/\mathrm{d}N-\Delta K$ 之间的关系曲线，用 Paris 公式回归得到在温度为 250 ℃下裂纹扩展速率关系式为：

$$\mathrm{d}a/\mathrm{d}N = 2.5616\times10^{-12}(\Delta K)^{3.4271} \tag{6.11}$$

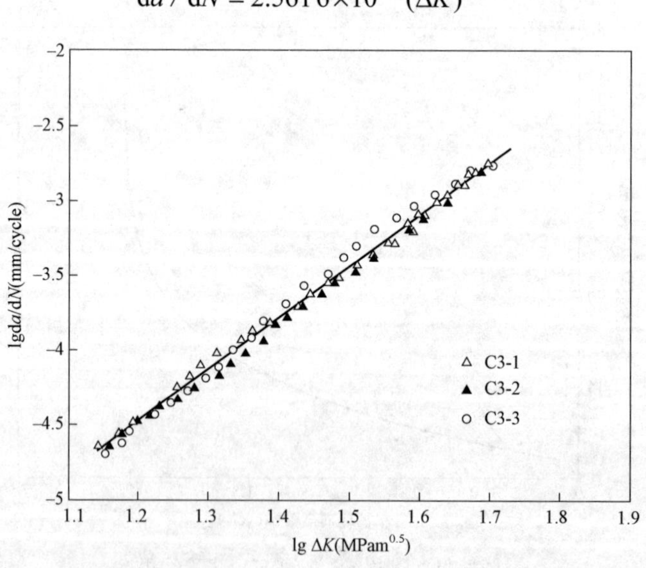

图 6.13 温度为 250 ℃下 $\mathrm{d}a/\mathrm{d}N-\Delta K$ 函数关系式

6.4.4　温度为 320 ℃下的试验结果与分析

图 6.14～图 6.16 是温度为 320 ℃下的 5 组 CT 试样的 *a*-*N* 数据。

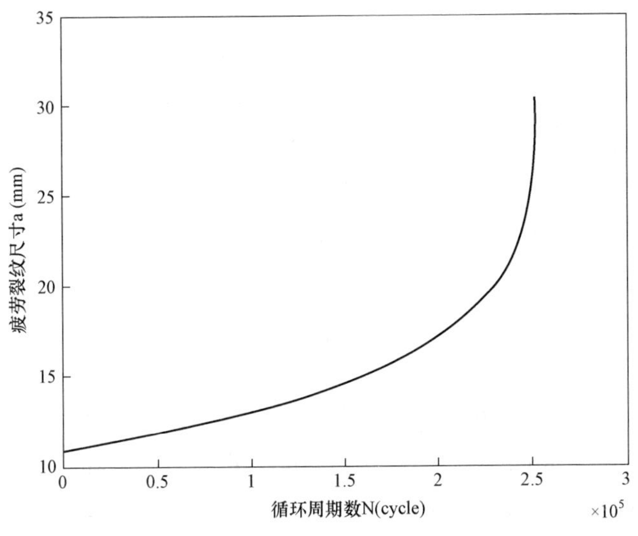

图 6.14　试样 C4-1 的 *a*-*N* 试验结果

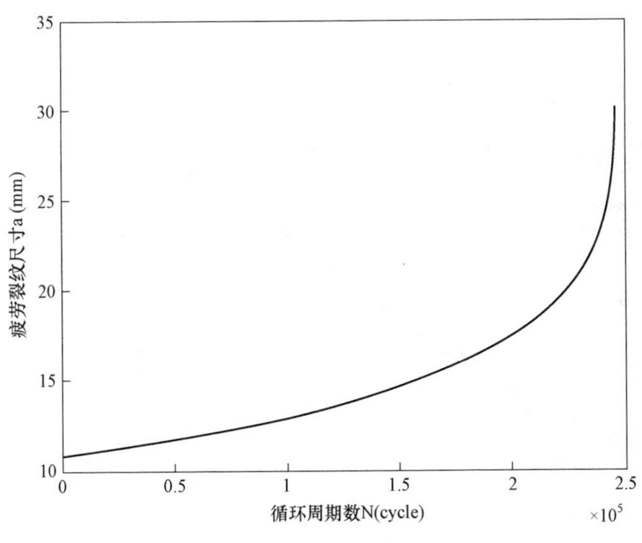

图 6.15　试样 C4-2 的 *a*-*N* 试验结果

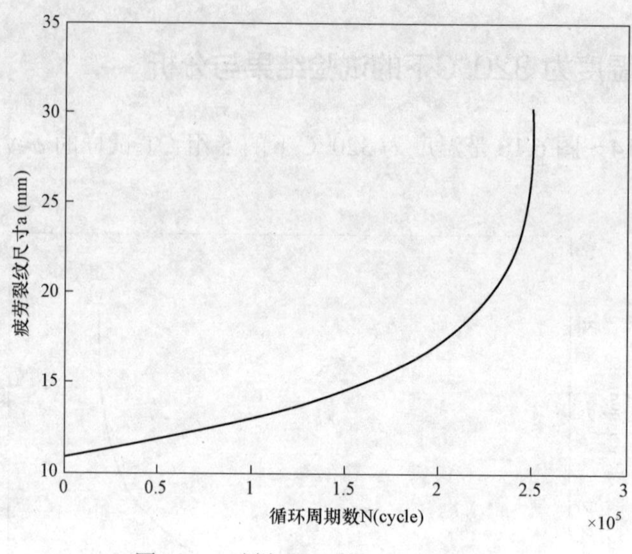

图 6.16　试样 C4-3 的 *a-N* 试验结果

图 6.17 是在温度为 320 ℃下的 5 组试样试验数据得到的 $\mathrm{d}a/\mathrm{d}N-\Delta K$ 之间的关系曲线，用 Paris 公式回归得到在温度为 320 ℃下裂纹扩展速率关系式为：

$$\mathrm{d}a/\mathrm{d}N=1.928\,3\times10^{-12}(\Delta K)^{3.455\,1} \tag{6.12}$$

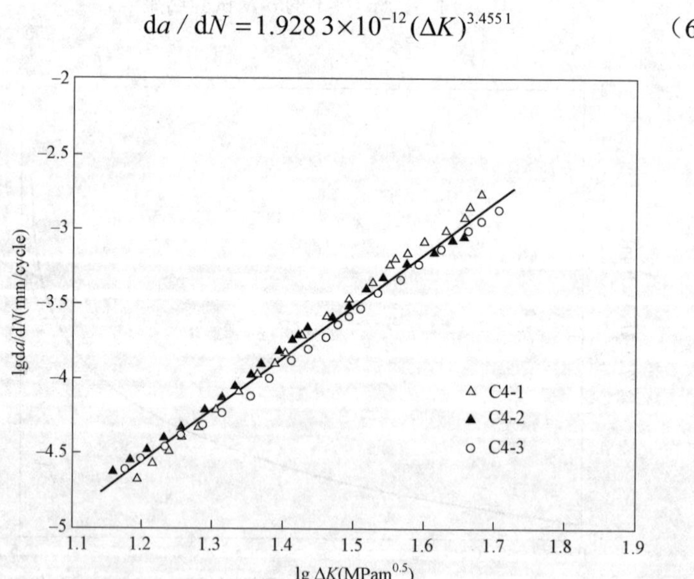

图 6.17　温度为 320 ℃下 $\mathrm{d}a/\mathrm{d}N-\Delta K$ 函数关系式

6.4.5 温度为 400 ℃下的试验结果与分析

图 6.18～图 6.20 是温度为 400 ℃下的 5 组 CT 试样的 *a-N* 数据。

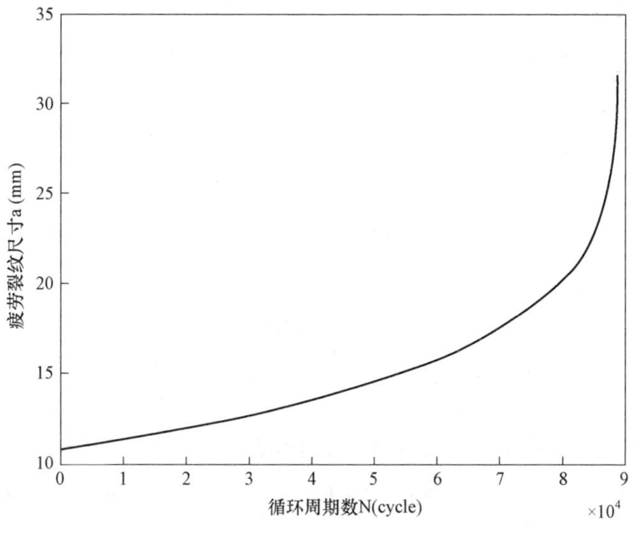

图 6.18 试样 C5-1 的 *a-N* 试验结果

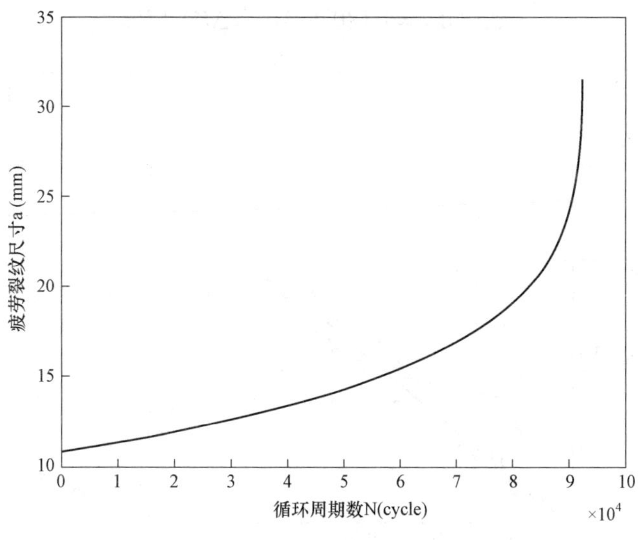

图 6.19 试样 C5-2 的 *a-N* 试验结果

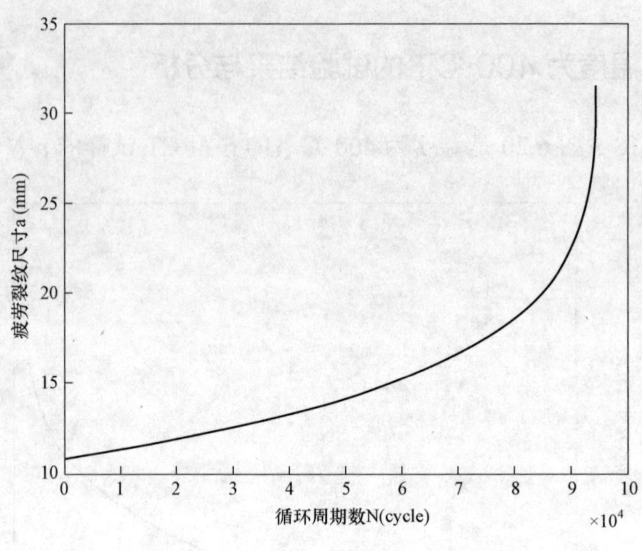

图 6.20　试样 C5-3 的 *a*-*N* 试验结果

图 6.21 是在温度为 400 ℃下的 5 组试样试验数据得到的 $\mathrm{d}a/\mathrm{d}N-\Delta K$ 之间的关系曲线，用 Paris 公式回归得到在温度为 400 ℃下裂纹扩展速率关系式为：

$$\mathrm{d}a/\mathrm{d}N=1.180\,9\times10^{-11}(\Delta K)^{3.175\,3} \tag{6.13}$$

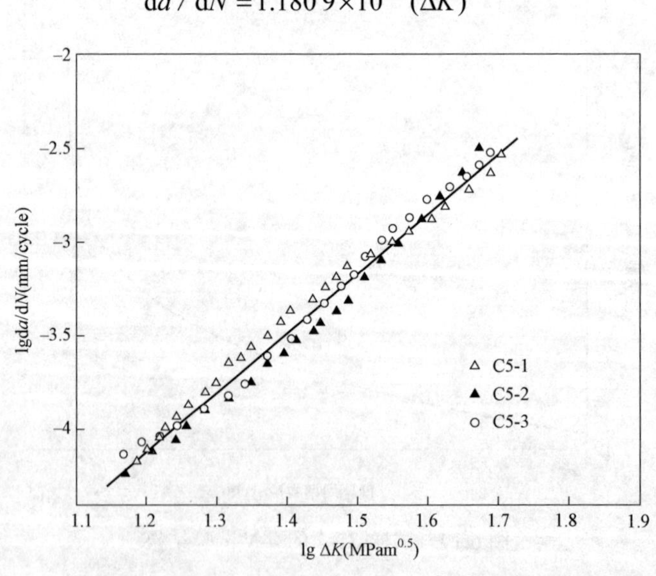

图 6.21　温度为 400 ℃下 $\mathrm{d}a/\mathrm{d}N-\Delta K$ 函数关系式

6.5　环境温度 *T* 与参数 *C* 和 *m* 的拟合

Yokobori[124,125]从材料的位错动力学角度研究了温度对裂纹扩展速率的影响，通过实验结果分析，指出 Paris 公式中的 C 值和 m 值与温度 T 有明显的相关性，而且随着温度的升高，Paris 公式中的 C 值和 m 值向相反方向变化，因此 C 值和 m 值是包含温度 T 的函数。现将式（6.9）～式（6.13）中的参数 C 和 m 整理，见表 6.7。

表 6.7　不同温度下的参数 *C* 和 *m* 表

温度	C	m
20 ℃	$5.513\,1 \times 10^{-12}$	3.323 1
150 ℃	$4.040\,2 \times 10^{-12}$	3.357 6
250 ℃	$2.561\,6 \times 10^{-12}$	3.427 1
320 ℃	$1.928\,3 \times 10^{-12}$	3.455 1
400 ℃	$1.180\,9 \times 10^{-11}$	3.175 3

通过表中数据可以看到，温度对于 Q345B 钢裂纹扩展速率的影响并不是简单的递增或递减关系，这与第 2 章中介绍的动态应变时效行为有关，而且本章中裂纹扩展疲劳试验也很好地验证了动态应变时效行为对于裂纹扩展也有着明显影响。将表 6.7 中数据在坐标中绘出，如图 6.22 和图 6.23 所示。

在图 6.22 和图 6.23 中可以看到，在 320 ℃时，参数 C 达到最小值，而参数 m 则达到最大值。熊缨[126]在 16 MnR 钢的裂纹扩展试验中，也出现了相似的现象，这种现象可以用晶界和裂纹表面的氧化行为解释，晶界的氧化降低了晶界的结合力和扩展阻力，加速了裂纹的扩展，而裂纹表面的氧化则引起了闭合效应，降低了裂纹扩展的速率，虽然这两方面行为是同时进行的，但在 320 ℃时，裂纹表面的氧化起到了主要作用。

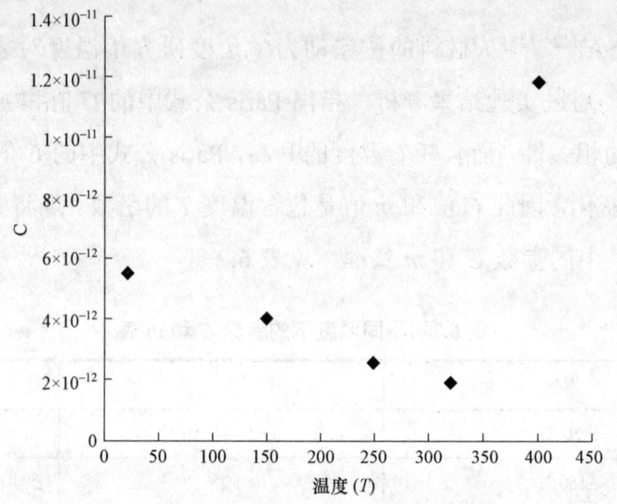

图 6.22　参数 C 与温度 T 关系

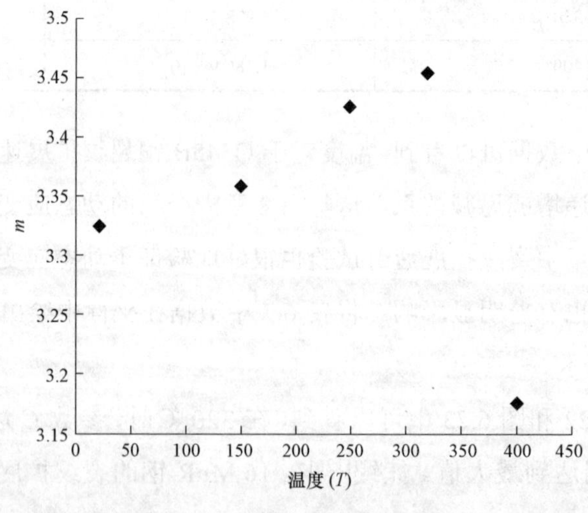

图 6.23　参数 m 与温度 T 关系

现以温度为 320 ℃为界，将参数 C 和 m 采用分段方式进行拟合，即可得到不同温度区间下的 Paris 公式：

20 ℃≤T<320 ℃时：

$$da/dN = 6.0102\times10^{-12}e^{-0.0036T}(\Delta K)^{3.3063e^{0.0001T}} \tag{6.14}$$

320 ℃≤T≤400 ℃时：

$$da/dN = 1.0013\times10^{-15}e^{0.0227T}(\Delta K)^{4.8436e^{-0.0011T}} \tag{6.15}$$

6.6　工程算例

以 140T/40T 铸造起重机为对象，假设在主主梁跨中截面主腹板与下盖板连接处和副主梁跨中截面腹板与下盖板连接处有一穿透性裂纹，初始裂纹长度为 5 mm，如图 6.24 和图 6.25 所示。相关载荷计算详见第 5 章。

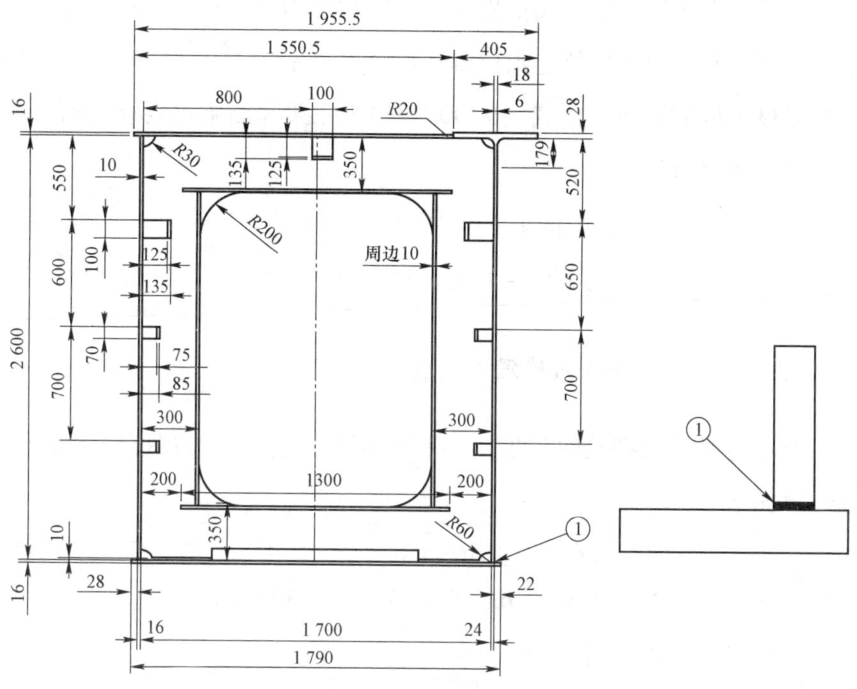

图 6.24　主主梁裂纹初始位置示意图

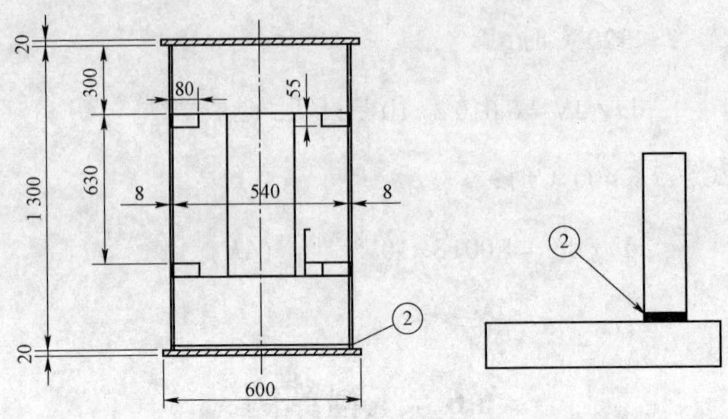

图 6.25 副主梁裂纹初始位置示意图

6.6.1 裂纹扩展关键参数的确定

6.6.1.1 随温度变化的 C 与 m

在第 5 章已经对铸造起重机桥架进行过热力学分析，在有限元模拟中，图 6.24 和图 6.25 裂纹起始位置环境温度分别为 158.6 ℃和 186.7 ℃，忽略温度梯度的影响，由式（6.14）得出主主梁和副主梁裂纹起始附近位置的 Paris 公式：

$$\mathrm{d}a / \mathrm{d}N = 3.3957\times10^{-12}(\Delta K)^{3.3592} \tag{6.16}$$

$$\mathrm{d}a / \mathrm{d}N = 3.069\times10^{-12}(\Delta K)^{3.3686} \tag{6.17}$$

6.6.1.2 应力修正函数的确定

对于边缘穿透型裂纹扩展，沿腹板向上扩展，应力强度因子幅[127]的计算如下：

$$\Delta K = g(\xi)\Delta\sigma\sqrt{\pi a}, \quad \xi = a / W \tag{6.18}$$

式中：$g(\xi)=1.12-0.231\xi+10.55\xi^2-21.72\xi^3+30.39\xi^4$。

a——裂纹长度，单位 mm。

W——腹板受拉区高度，单位 mm。

6.6.1.3　主主梁与副主梁在不同环境温度下裂纹起始位置附近断裂韧度 K_{Ic} 的确定

参照《金属材料平面应变断裂韧度 K_{Ic} 试验方法》（GB/T 4161—2007）[128]，在裂纹扩展试验中得出不同温度下的断裂韧度，具体数值见表 6.8。

$$K_{Ic}=\frac{P_{max}}{B\sqrt{W}}$$

$$f\left\{\frac{\left(2+\frac{a}{W}\right)}{\left(1-\frac{a}{W}\right)^{3/2}}\left[0.866+4.64\frac{a}{W}-13.32\left(\frac{a}{W}\right)^2+14.72\left(\frac{a}{W}\right)^3-5.6\left(\frac{a}{W}\right)^4\right]\right\} \tag{6.19}$$

式中：P_{max}——单位（kN）。

a,B,W——单位（cm）。

表 6.8　不同温度下的断裂韧度 K_{Ic}

温度/℃	断裂韧度 K_{Ic} (MPa·m$^{0.5}$)
20	59.8
150	62.14
250	91.96
320	81.99
400	103.61

采用插值的方法，当主主梁环境温度为 158.6 ℃和副主梁环境温度为 186.7 ℃时，裂纹起始位置附近断裂韧性 K_{Ic} 分别为 64.704 5 MPa·m$^{0.5}$ 和 73.083 9 MPa·m$^{0.5}$。

6.6.2　结果分析

采用 matlab 编程，计算在给定初始裂纹及其他参数的前提下，数值模拟计算裂纹扩展过程。图 6.26 和图 6.27 分别为主主梁与副主梁裂纹

扩展的 a-N 曲线，图 6.28 和图 6.29 分别为主主梁与副主梁裂纹扩展的 $\mathrm{d}a/\mathrm{d}N-\Delta K$ 之间的关系曲线。图 6.30 和图 6.31 分别为主主梁与副主梁的应力修正系数与裂纹长度的关系曲线。

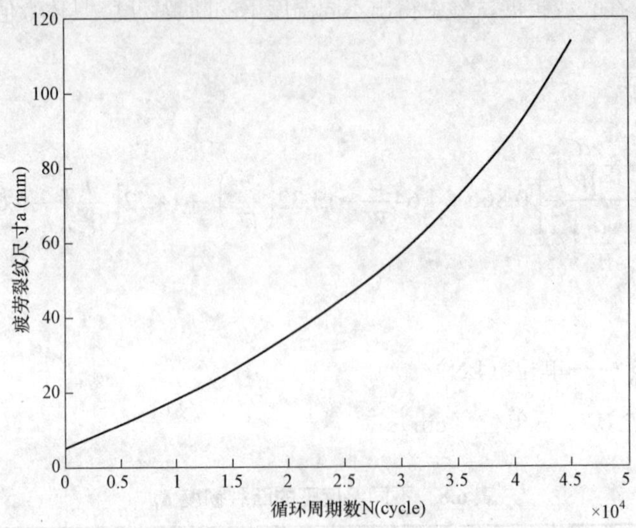

图 6.26　主主梁裂纹扩展的 a-N 曲线

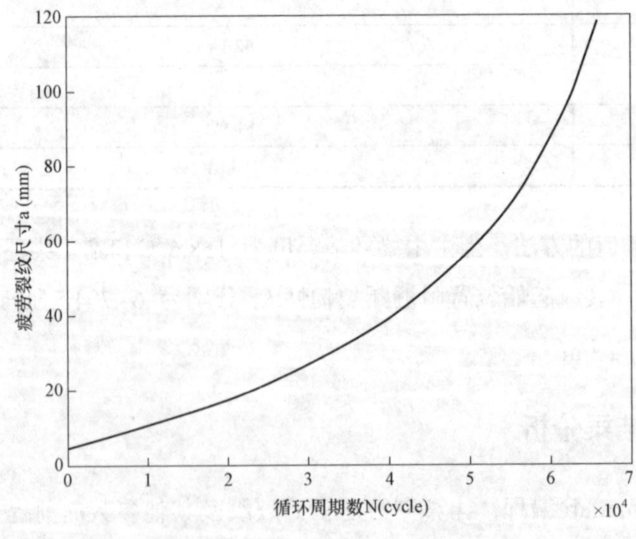

图 6.27　副主梁裂纹扩展的 a-N 曲线

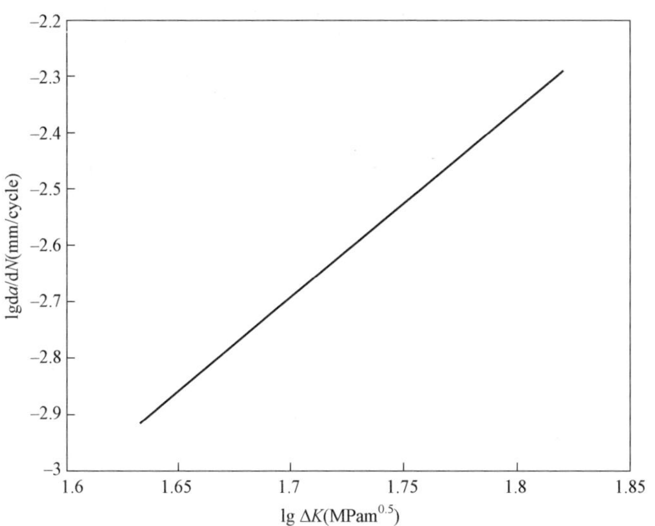

图 6.28　主主梁裂纹扩展的 $da/dN-\Delta K$ 曲线

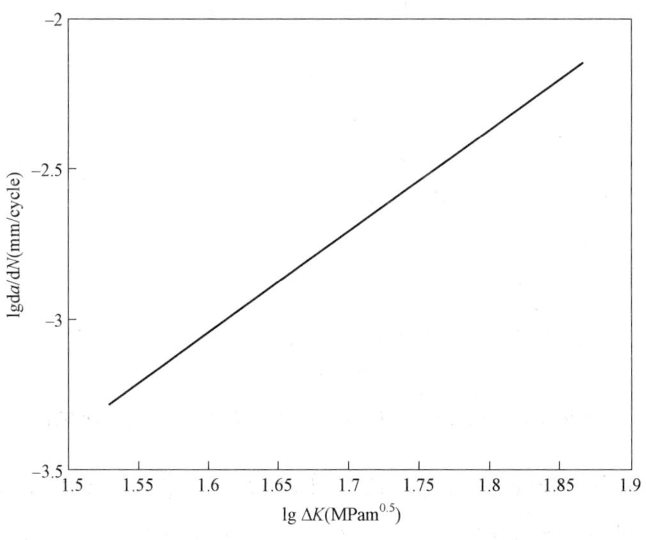

图 6.29　副主梁裂纹扩展的 $da/dN-\Delta K$ 曲线

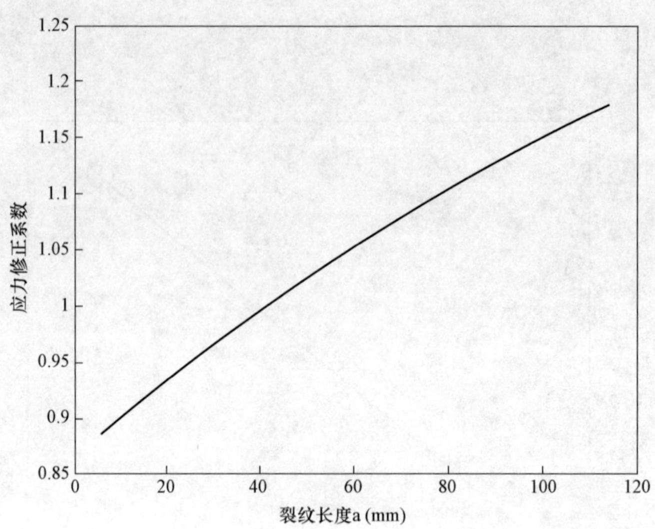

图 6.30　主主梁应力修正系数与裂纹长度的关系曲线

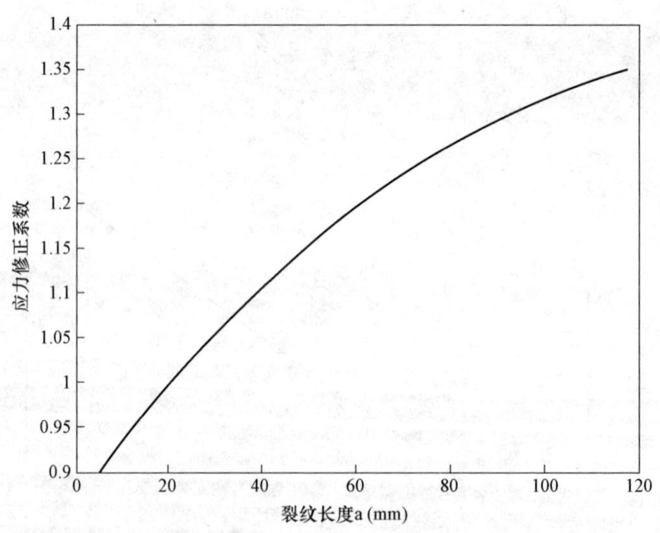

图 6.31　副主梁应力修正系数与裂纹长度的关系曲线

由图 6.26 和图 6.27 可以看到，主主梁从初始裂纹长度 5 mm 扩展到 113.7 mm 的寿命为 45 152 次，副主梁从初始裂纹长度 5 mm 扩展到 117.8 mm 的寿命为 66 121 次。分析图 6.28 和图 6.29 可知，主主梁裂纹扩展速率高于副主梁，这是由于副主梁环境温度相比于主主梁更接近动态应变时效强化温度的原因。

6.7 本章小结

（1）每个温度下的 3 组裂纹扩展试验数据分散性比较小，说明本次试验有着比较好的重复性。

（2）通过不同温度下的裂纹扩展试验数据，推导出随环境温度变化 Paris 公式。

（3）当温度为 320 ℃时，裂纹扩展速率最小，证明了动态应变时效行为对裂纹扩展同样有抑制作用。而且 320 ℃附近是 Q345B 钢裂纹表面与晶界氧化影响程度的温度分界点。

对铸造起重机桥架金属结构裂纹扩展模拟计算，得到主主梁临界裂纹长度为 113.7 mm，副主梁临界裂纹长度为 117.8 mm，而且由于副主梁环境温度相比于主主梁更接近动态应变时效强化温度，副主梁裂纹扩展速率低于主主梁。

第 7 章

中温疲劳试样断口形貌分析

疲劳断口形貌分析是从机理上研究疲劳失效的主要手段，本章利用扫描电镜对不同试验温度下的 Q345B 钢断口进行分析，研究环境温度对 Q345B 钢疲劳断裂机理的影响，为现有 Q345B 结构钢机械产品的疲劳寿命评估提供试验依据。

7.1 试验条件

应力控制的拉伸疲劳试验在不同的温度条件进行，试验完毕后待炉温降至室温，取出试件，将试件断口线切割为 6 mm 的试样，在型号为（FEI Inspect F50）的场发射扫描电子显微镜对断口做高分辨率观察分析，如图 7.1 所示。

图 7.1 场发射扫描电子显微镜（FEI Inspect F50）

7.2　SEM 断口分析

对不同温度环境下（20 ℃、150 ℃、250 ℃、320 ℃、400 ℃）、相同应力水平（0～470 MPa）的疲劳断口电镜扫描结果进行分析，共 5 根试件，编号分别为 L1-4、L2-4、L3-4、L5-4、L7-4，其疲劳试验数据示于表 7.1 中。

表 7.1　拉伸疲劳试验数据表

试件	温度/℃	σ_{max} / MPa	σ_{min} / MPa	f / Hz	R	N_f
L1-4	20	470	0	5	0	13 057
L2-4	150	470	0	5	0	26 365
L3-4	250	470	0	5	0	37 061
L5-4	320	470	0	5	0	116 957
L7-4	400	470	0	5	0	24 765

7.2.1　温度为 20 ℃时电镜扫描分析

图 7.2 为 20 ℃时典型的宏观断口形貌，在图中可以看到，由平断区和快速瞬断区组成，而且快速瞬断区与轴向呈 45° 角度[129]，有着静拉伸断口的特征。在该温度下的疲劳强度较低，断裂类型属于延性断裂。在图中 A 点和 B 点两处明显缺陷，此处为疲劳源，而且在疲劳源附近有比较多的孔洞，导致裂纹很容易在此处展开。在 A 点处放大，如图 7.3 所示。

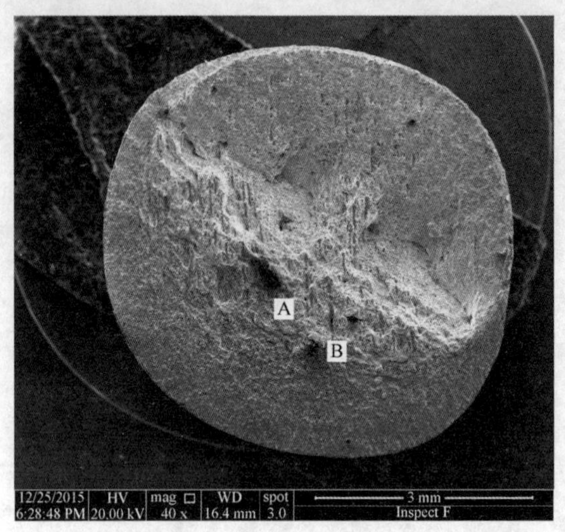

图 7.2　温度为 20 ℃时宏观断口形貌（40×）

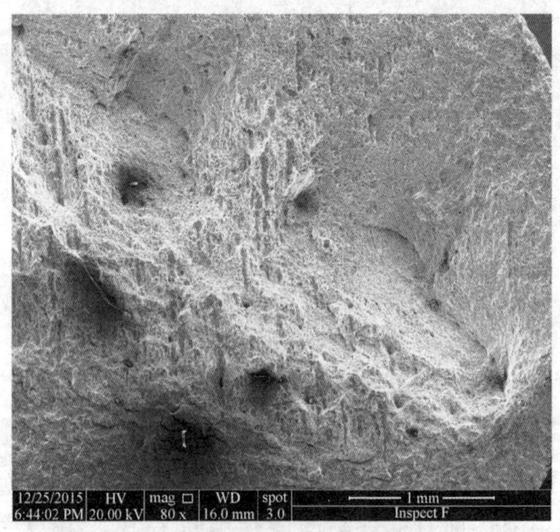

图 7.3　温度为 20 ℃时疲劳源形貌（80×）

在图 7.4 中可以看到，韧窝分布非常不均匀，有的区域密集分布，有的区域分布严重不均匀，而且有着数量较多、尺寸较大的蠕变孔洞，说明此时蠕变损伤对疲劳断裂起到了加速的作用，这是导致在该温度下疲劳强度低的主要因素。

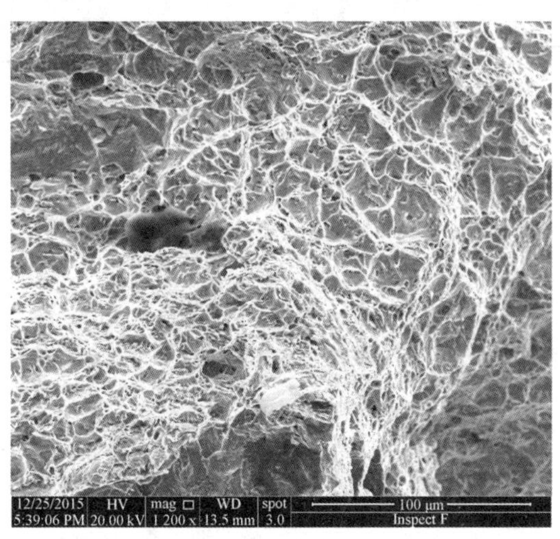

图 7.4　温度为 20 ℃时的典型韧窝形貌（1 200×）

7.2.2　温度为 150 ℃时电镜扫描分析

从图 7.5 中看到，在疲劳裂纹扩展区和瞬时断裂区交界附近 A 处有一处比较大的缺陷，在该位置附近有几处长形孔洞，随着载荷循环加载，裂纹在这里逐步扩展，放大后如图 7.6 所示。而且在瞬时断裂区分布着许多平行于裂纹扩展方向的裂纹，从宏观断口初步分析，在该温度下呈现出延性断裂的特征。

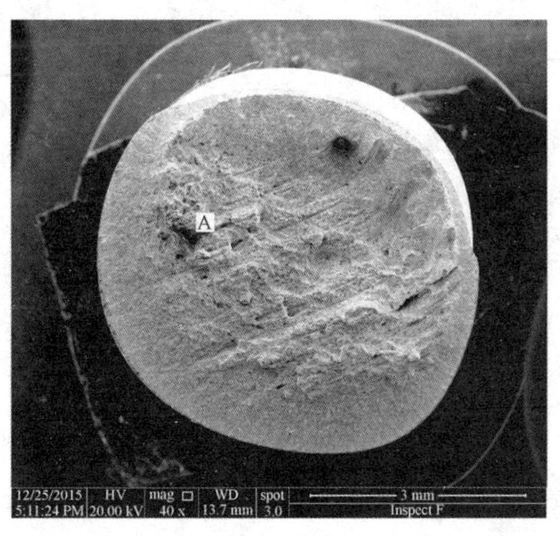

图 7.5　温度为 150 ℃时宏观断口形貌（40×）

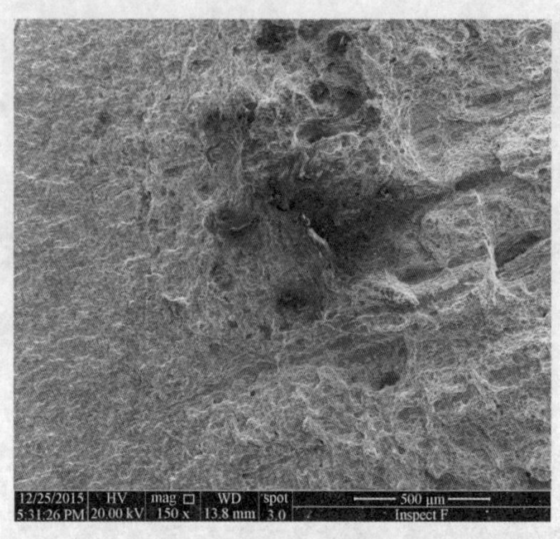

图 7.6　温度为 150 ℃时疲劳源形貌（150×）

在图 7.7 中可以看到，在断口中心部位有一缺陷，此处的韧窝强烈聚集，在循环加载过程中，疲劳源处由于应力集中，试件从此处首先发生破坏，同时，在断口中心区域发生了比较大的塑性变形。除了疲劳源位置有比较大的孔洞，在断口其他位置也出现少量的孔洞，如图 7.6 所示。从温度为 150 ℃时的典型韧窝形貌来看，韧窝分布不很均匀，在个别区域聚集非常强烈，而且出现比较多的蠕变孔洞。

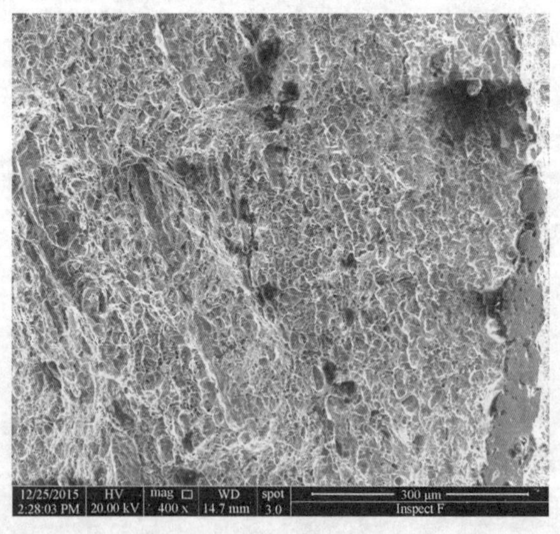

图 7.7　温度为 150 ℃时的典型韧窝形貌（400×）

7.2.3　温度为 250 ℃时电镜扫描分析

图 7.8 为 250 ℃时的宏观断口形貌，在图中可以看到，呈现出杯维断口，在中心断口周围有明显的剪切唇，有着脆性、延性综合断裂的特征。断口中心位置有一处比较大的孔洞，很可能就是该疲劳试件的疲劳源。将断口中心部分的 A 处放大，如图 7.9 所示，图中裂纹源区域及其周围都为密集的韧窝，裂纹在向周围扩展时受力区域增加，周围的基体整体受力，断裂面逐步向外扩展，形成了不同高度的断裂面。

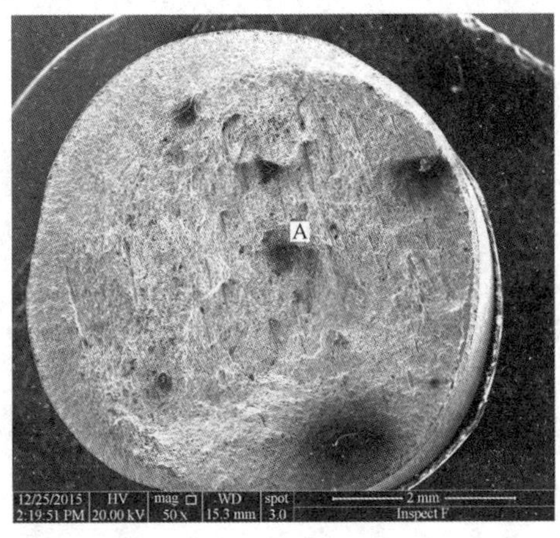

图 7.8　温度为 250 ℃时宏观断口形貌（50×）

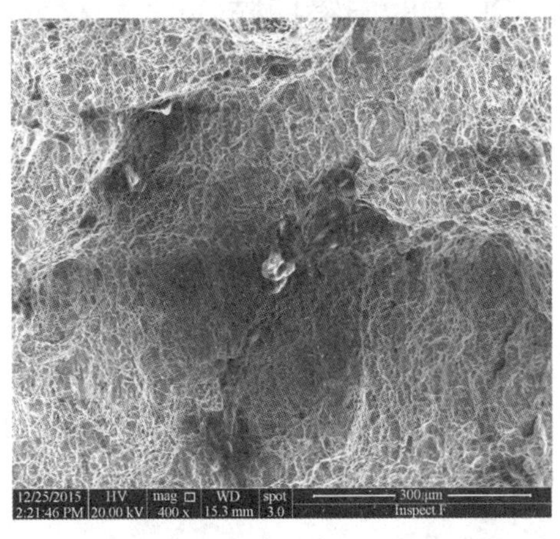

图 7.9　温度为 250 ℃时疲劳源形貌（400×）

在图 7.10 中可以看到，虽然在快速瞬断区也存在较多的蠕变孔洞，但韧窝相比于 150 ℃时，分布相对均匀，此时循环蠕变对疲劳损伤的加速作用有所减轻，从循环寿命也可以看到，此时的断裂寿命大约是 150 ℃时的 1.41 倍。

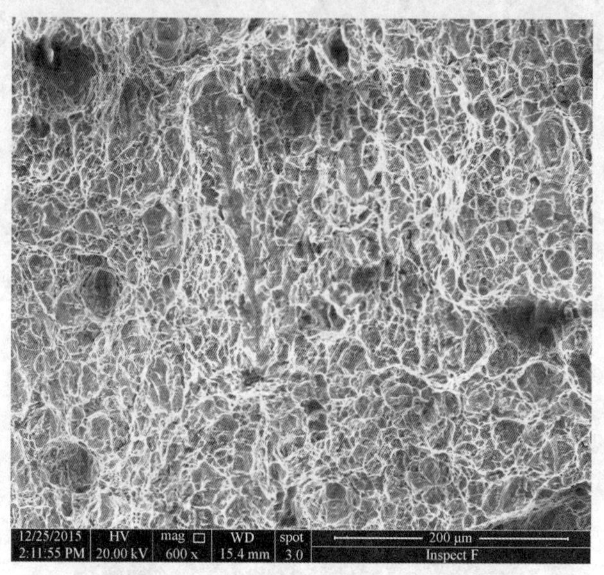

图 7.10　温度为 250 ℃时的典型韧窝形貌（600×）

7.2.4　温度为 320 ℃时电镜扫描分析

图 7.11 为 320 ℃时的断口宏观形貌，在图中可以看到，快速扩展区面积占整个断口面积比例相对较小，而且出现河流状形貌，呈现出脆性解理断裂的特征[130]。将 A 处放大，如图 7.12 所示，可以看到疲劳源处于试件表面，虽然也有几处明显的孔洞，但从韧窝分布来看还是比较均匀的。在第 6 章也讨论了晶界与裂纹表面的氧化问题，钟群鹏院士[131]在研究疲劳裂纹扩展的阻滞行为时，也提到了裂纹氧化物导致的裂纹闭合问题，这也是在 320 ℃时的疲劳强度大于其他温度的主要原因。

图 7.11　温度为 320 ℃时宏观断口形貌（80×）

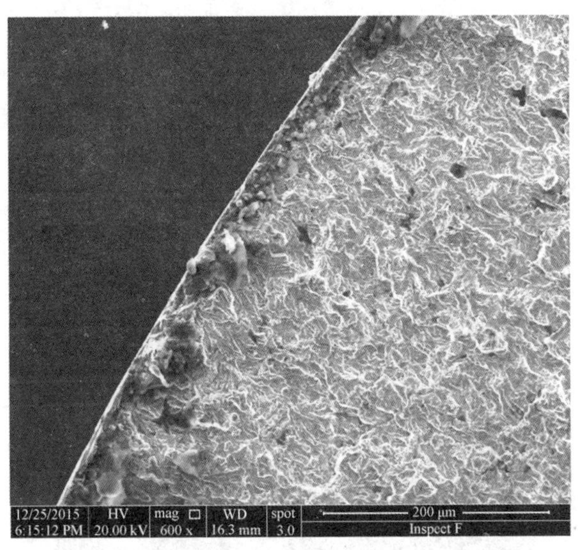

图 7.12　温度为 320 ℃时疲劳源形貌（600×）

从表 7.1 的疲劳寿命可以看出，320 ℃是动态应变时效强化显著温度，图 7.13 是 320 ℃时的典型韧窝形貌，从图中可以看到，由于动态应变时效的作用，塑性变形降低，导致韧窝比较均匀，而且深度较浅，同时，蠕变孔洞从数量上也比较少，材料的疲劳性能有了较大的提高。

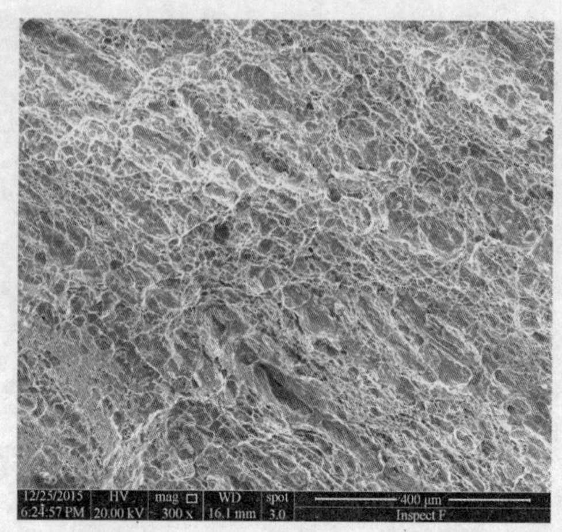

图 7.13　温度为 320 ℃时的典型韧窝形貌（300×）

7.2.5　温度为 400 ℃时电镜扫描分析

图 7.14 为 400 ℃时典型的宏观断口形貌，在图中可以看到，快速瞬断区与轴向呈 45° 角度，与 20 ℃时的断口特征相似，同样呈现出延性断裂的特征。图中 A 处为疲劳源，裂纹在此处展开，如图 7.15 所示。试样温度较高，基体硬度降低，裂纹周围基体均匀受力，蠕变过程变形均匀，断裂面较为平整。即使在此高温下，疲劳性能仍优于常温。

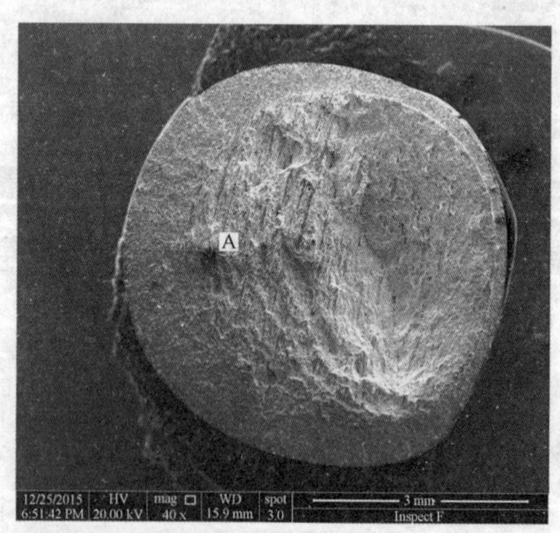

图 7.14　温度为 400 ℃时宏观断口形貌（40×）

图 7.15　温度为 400 ℃时疲劳源形貌（150×）

在图 7.16 典型韧窝形貌中可以看到，此时温度已经接近再结晶温度，蠕变孔洞处的变形程度相对较大，由于再结晶的原因，使得韧窝与蠕变孔洞得到恢复，就表现出韧窝与蠕变孔洞变浅、变小。

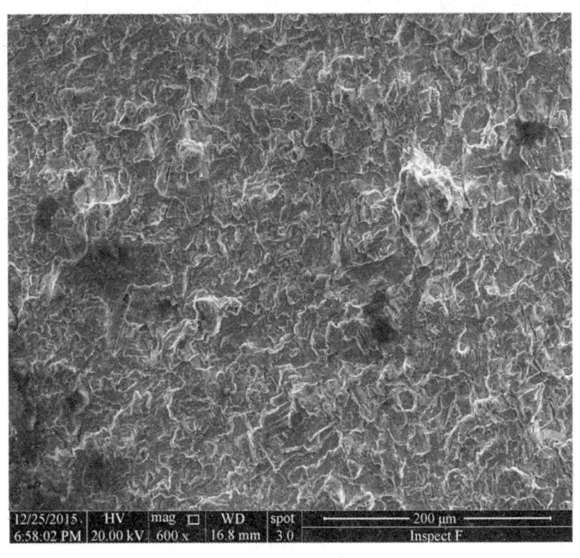

图 7.16　温度为 400 ℃时的典型韧窝形貌（600×）

7.3 本章小结

（1）从 20 ℃和 150 ℃的断口扫描结果可以看到,有着明显的延性断裂的特征。韧窝分布不规则，韧窝在断口多处强烈聚集，而且有着数量多以及尺寸大的孔洞。

（2）分析 250 ℃时的宏观断口形貌，有着脆性、延性综合断裂的特征，虽然在快速瞬断区也存在较多的蠕变孔洞，但韧窝分布相对均匀，此时循环蠕变行为对疲劳损伤的加速作用有所减轻。

（3）从 320 ℃时的断口宏观形貌可以看到，快速扩展区面积占整个断口面积比例相对较小，而且出现河流状形貌，呈现出脆性解理断裂的特征。从典型韧窝形貌中可以看到，由于动态应变时效的作用，塑性变形降低，导致韧窝比较均匀，而且深度较浅，同时，蠕变孔洞从数量上也比较少，材料的疲劳性能有了较大的提高。

（4）分析 400 ℃时典型的宏观断口形貌，呈现出延性断裂的特征。在典型韧窝形貌中可以看到，此时温度已经接近再结晶温度，蠕变孔洞处的变形程度相对较大，由于再结晶的原因，使得韧窝与蠕变孔洞得到恢复，就表现出韧窝与蠕变孔洞变浅、变小。

第 8 章

基于损伤力学的动态可靠性方法

传统的可靠性模型是在应力和强度分布已知的情况下，用应力强度干涉模型直接计算可靠度[132,133]。然而这样计算出的可靠度只能说是静态可靠度。动态可靠性要比静态可靠性研究复杂，Salvatore[64]、Chaudhuri[65]对动态可靠性做了比较深入的研究，而分析中没有考虑强度、应力与时间的关系。东北大学谢里阳教授与清华大学左勇志对动态可靠性研究做了很多工作[134-137]，但这些研究物理意义又不是很明确。本章以损伤力学理论为基础，总结出一种新的且具有明确物理意义的动态可靠性计算方法，用以研究在循环应力状态下的结构动态可靠性问题。运用应力强度干涉模型，忽略侵蚀老化对强度退化的影响，仅考虑损伤的变化导致有效应力增加，将强度作为随机变量，应力作为随加载次数变化的随机变量，结合物理实验以及采用抽样仿真的方法，模拟出铸造起重机吊钩上横梁随加载次数变化的动态可靠度曲线。以铸造起重机吊钩上横梁为研究对象，分析了在 387 ℃的环境温度下不同结构分布参数的动态可靠度变化趋势，结果表明在 85%左右寿命时，可靠度曲线均呈现明显下降趋势，有着典型的浴盆曲线后两个阶段的特征。

在实际工程中，机械零部件往往受到环境、载荷效应等多种因素的影响，应力与强度都是动态变化的，随着使用时间延长，强度呈现退化的趋势，所以可靠性指标应该是一个动态的且随着时间 t 增长而逐渐下降的过程。强度的退化可分为两部分，一部分是与时间 t 相关的因素，比如侵蚀、老化等。另一部分是由于循环载荷导致的疲劳损伤，与加载次数、载荷大小、加载频率等因素有关。应力强度干涉（Stress Strength Interference，SSI）理论是应用较多的理论，随机变量应力分布与随机变量强度分布的干涉区域为失效区域。实际工程中强度为时间 t 的随机过程，随着载荷加载次数与保载时间的延长，强度呈退化趋势。如图 8.1 可以看出，随着时间的延长，相交区域逐渐增大，最终导致可靠性指标的不断降低。

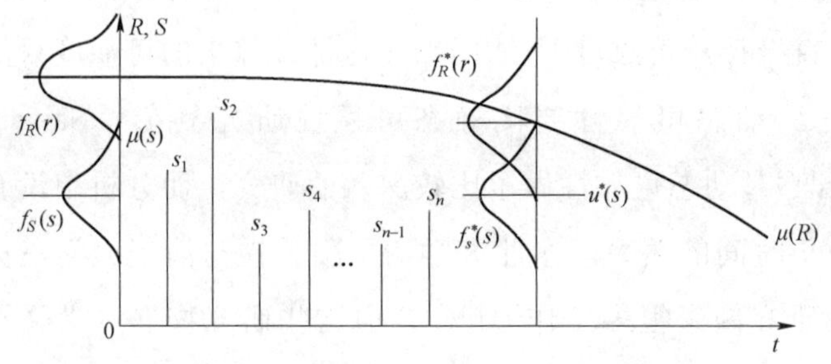

图 8.1　强度退化趋势随时间变化示意图

强度退化的原因其实是由于材料在循环交变应力的情况下，内部产生缺陷和裂纹，导致力学性能下降。现用损伤力学方法推导出损伤值 D，通过 D 值求得损伤后的有效应力，有效应力增长的过程就像强度退化的过程一样，随着加载次数的增长逐渐增加。假设不考虑强度由于侵蚀老化的影响，只考虑由于载荷引起的疲劳损伤导致强度的退化，换个角度也可以认为是应力增大的过程。从图 8.2 可以看出，随着时间的延长，应力逐渐增大，相交区域越来越大，最终可靠性指标逐渐降低。

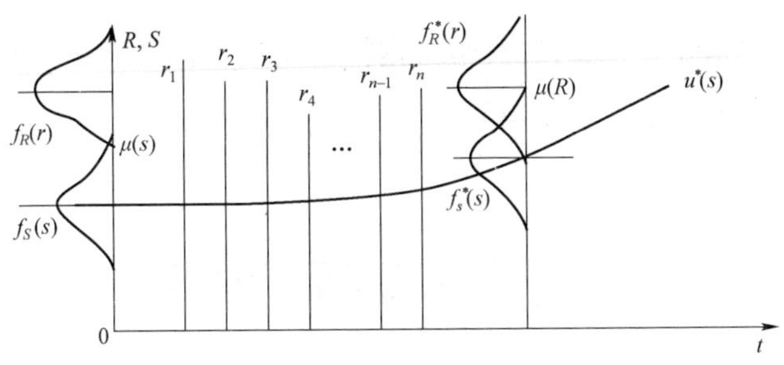

图 8.2　应力增大趋势随时间变化示意图

在现有动态可靠性计算方法中，并没有从材料损伤本质上描述载荷作用次数对于结构可靠度的影响。但损伤力学理论中对于载荷加载次数如何影响到材料的力学性能有着详细的描述，本章研究方法用有效应力的增长间接反映了强度的退化，正好可以将该理论应用到应力强度干涉理论中，很好地解决了动态可靠性分析的问题。

8.1　疲劳损伤模型

根据损伤力学理论[102]，损伤变量 D 表征微裂纹和微空隙的扩展导致材料在损伤过程中实际有效承载面积 $\tilde{A}$ 减小的程度，即由于微裂纹和微空隙的形成和扩展，致使试件的横结构积 A 减小为实际有效承载面积 $\tilde{A}$，有效承载面积的减小导致实际应力的增大，从而导致材料的各方面力学性能退化。根据损伤力学的定义可以假设：

$$1-D=\tilde{A}/A \tag{8.1}$$

结构有效承载面积的减少，从而导致有效应力的增大，有效应力的增大也从另一个方面反映出材料的退化趋势。有效应力可以表示为：

$$\tilde{\sigma}=\sigma/(1-D) \tag{8.2}$$

疲劳损伤是材料在交变载荷作用下，某些局部区域或大范围区域首先进入屈服状态，在局部地区出现高度的范性变形。

在第 4 章中，已经通过实验数据拟合出在不同温度下的损伤退化模型，如式（4.73）和式（4.74）。

8.2 应力强度干涉理论

结构的失效的原因是由于其所受应力超过材料本身强度造成的，应力超过屈服强度则发生屈服，应力超过强度极限则发生断裂。由于材料在生产、制造和加工过程中的偏差，材料的力学性能具有一定的分散性，导致结构本身的力学性能也具有很大的随机性，将结构应力与强度都认为是随机变量，在相同的坐标系中，用强度与应力的分布曲线干涉面积，来表示应力大于强度的可能性，从而计算出结构的可靠度，这就是著名的应力强度干涉理论。应力强度干涉模型功能函数为：

$$M = R - S \tag{8.3}$$

式中：R——试件本身的强度。

S——作用在试件上的应力。

R、S 为包含众多变量的函数，$R = R(X) = R(X_1, X_2, \cdots, X_n)$，$S = S(Y) = S(Y_1, Y_2, \cdots, Y_n)$。功能函数也是包含 X、Y 变量的函数：

$$M = R - S = f(X, Y) = f(X_1, X_2, \cdots, X_n, Y_1, Y_2, \cdots, Y_n) \tag{8.4}$$

8.3 损伤力学在应力强度干涉理论中的应用

传统的应力强度干涉理论认为零部件的强度和应力皆是静态随机变量，其分布与时间 t 无关，而实际上，由于疲劳、侵蚀、老化等因素的作用，试件的强度会随着使用时间的增长而在应力的作用下逐渐退化的。产品强度退化是一个连续状态随机过程。将产品强度退化由两部分组成，第一部分是由于循环应力作用而导致的疲劳与蠕变损伤引起的强度退化，与载荷作用次数有关。第二部分是由于环境侵蚀、老化引起的强度退化，与时间 t 有关。假设忽略第二部分引起的强度退化，仅考虑第一部分损伤引起的强度退化。第一部分根据损伤力学理论解释，材料在受载过程中，疲劳损伤导致的材料局部萌生疲劳裂纹与蠕变损伤导致的材料内部形成晶界孔洞导致结构有效承载面积的降低，使有效应力增大，最终唯象的表现为强度的退化。故强度干涉功能函数应写为：

$$M = R - S(D_N) \tag{8.5}$$

根据损伤退化方程式（4.73）和式（4.74）可以看出，累积损伤 D 是载荷加载次数 N 函数，随着载荷加载次数增加，损伤也呈递增的趋势。而且损伤值 D 还与初始损伤 D_0、应力水平 $\sigma_{\max}$、温度 T 有关系。故式（8.5）改写为：

$$M = R - \tilde{S}(N, D_0, T, \sigma_{\max}) \tag{8.6}$$

对于 Q345B 钢来说，随着温度的变化，强度也随之变化。故强度也应该是温度 T 的函数，将式（8.6）写为：

$$M = R(T) - \tilde{S}(N, D_0, T, \sigma_{\max}) \tag{8.7}$$

上式即为在损伤力学理论下的应力强度干涉模型。

8.4　Q345B 钢在不同温度下力学性能试验数据

在铸造起重机设计阶段，考虑结构件的重要性、材料的不均匀性以及不同载荷组合等因素，引入安全系数的概念，将钢材的屈服强度除以安全系数得到强度许用值，安全系数选取 $n_i = 1.48$[138]，将温度与强度许用值拟合，即可得到温度与强度许用值的关系，不同温度下的屈服强度以及强度许用值见表 8.1。

表 8.1　不同温度下屈服强度、强度许用值数据

温度 T/℃	σ_s/MPa	σ_S / n_i(MPa)
20	337	227.7
150	325	219.6
250	313	211.5
300	316	213.5
320	318	214.9
350	307	207.4
400	292	197.3

强度许用值与温度 T 拟合函数关系为：

$$[\sigma]=-2.0013\times10^{-6}T^3+0.001T^2-0.2T+231.6 \tag{8.8}$$

相关度：$R=0.967$。

8.5　实例分析

分析对象为某企业的 140T/40T 铸造起重机，针对铸造起重机吊钩上横梁进行动态可靠性分析，分别讨论了在结构尺寸以及尺寸标准差发生变化时，对于吊钩上横梁的动态可靠度的影响。吊钩上横梁下翼缘板实测温度为 387 ℃，采用箱型梁结构，结构示意图如图 8.3 所示，力学模型如图 8.4 所示。

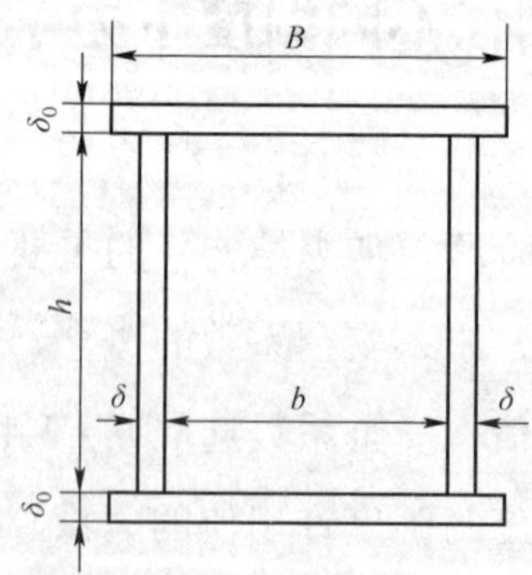

图 8.3　吊钩上横梁结构示意图

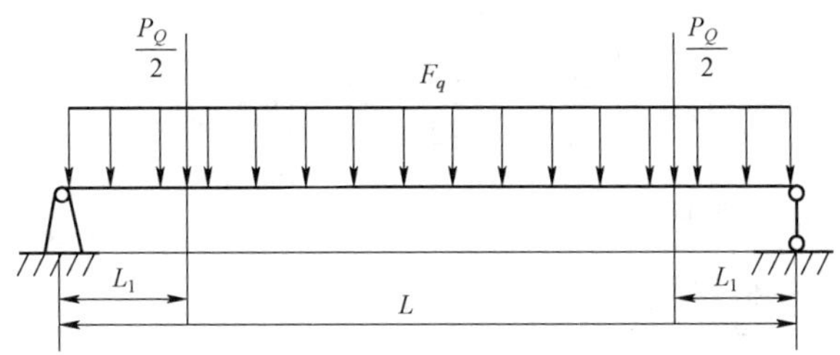

图 8.4　吊钩上横梁力学模型

8.5.1　整体弯曲应力计算

$$M = \frac{F_q L^2}{8} + \frac{P_Q}{2} L_1 \tag{8.9}$$

式中：F_q——吊钩上横梁单位长度重量。

P_Q——起升载荷。

L——吊钩上横梁长度。

L_1——吊钩距离定滑轮组夹板距离。

8.5.2　上横梁单位长度重量

$$F_q = \sigma A g \tag{8.10}$$

式中：$A = 2B\delta_0 + 2h\delta$。

B——盖板宽度。

δ_0——盖板厚度。

h——腹板高度。

δ——腹板厚度。

σ——Q345B 钢密度（$\sigma = 7\,850\ \text{kg/m}^3$）。

8.5.3 惯性矩

$$I_x = 2\left[\frac{\delta}{12}h^3 + \frac{B\delta_0^3}{12} + \frac{B\delta_0}{4}(h+\delta_0)^2\right] \tag{8.11}$$

式中：δ——左右腹板厚度。

δ_0——盖板厚度。

h——腹板高度。

应力计算表达式为：

$$\sigma_{\max} = \frac{M \times y}{I} \tag{8.12}$$

式中：I——结构惯性矩。

y——下盖板距中性轴距离。

结合式（8.2）与式（8.12）可得：

$$\tilde{S} = \sigma_{\max} / (1-D) = \frac{M \times y}{I} / (1-D) \tag{8.13}$$

考虑到吊钩上横梁下盖板与腹板焊接处存在应力集中现象，取应力集中系数 $\alpha = 2.7$[138]，即实际计算应力等于名义计算应力 $\sigma_{\max}$ 乘以应力集中系数 α。

由于吊钩上横梁实测温度为 387 ℃，故损伤模型选取式（4.74），联立式（8.8）与式（8.13）即可得：

$$M = R(T) - \tilde{S}(N, D_0, T, F_q, P_Q, b, B, \delta, \delta_0, h, L, L_1) \tag{8.14}$$

上式即为吊钩上横梁动态应力强度干涉模型。

8.5.4 结构参数在不同标准差的可靠度抽样试验

假设各随机变量服从正态分布，分析吊钩横梁在温度 387 ℃，起升载荷 140 吨以及在结构尺寸不同标准差情况下，随加载次数变化的可靠度抽样试验。标准差为 0.01 倍均值下可靠度退化曲线如图 8.5 所示，结构尺寸分布参数见表 8.2 和表 8.3。

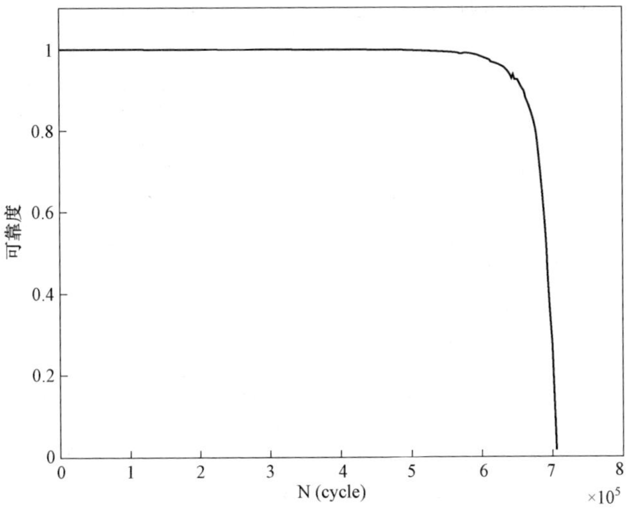

图 8.5　标准差为 0.01 倍均值下可靠度退化曲线

8.5.4.1　结构尺寸参数标准差为 0.01 倍均值的动态可靠度退化曲线

表 8.2　尺寸参数标准差为 0.01 倍均值的分布参数

结构尺寸 \ 分布参数	均值 μ	标准差 σ
起升载荷 P_Q /N	$\mu_{P_Q}=1\,372\,000$	$\sigma_{P_Q}=68\,600$
吊钩上横梁长度 L /mm	$\mu_L=8\,400$	$\sigma_L=84$
吊钩距离定滑轮组夹板距离 L_1 /mm	$\mu_{L_1}=1\,600$	$\sigma_{L_1}=16$
腹板厚度 δ /mm	$\mu_\delta=8$	$\sigma_\delta=0.08$
腹板高度 h /mm	$\mu_h=800$	$\sigma_h=8$
盖板厚度 δ_0 /mm	$\mu_{\delta_0}=16$	$\sigma_{\delta_0}=0.16$
盖板宽度 B /mm	$\mu_B=600$	$\sigma_B=6$
强度 R /MPa	$\mu_R=515$	$\sigma_R=25.75$

8.5.4.2 结构尺寸参数标准差为 0.05 倍均值的动态可靠度退化曲线

表 8.3 尺寸参数标准差为 0.05 倍均值的分布参数

结构尺寸 \ 分布参数	均值 μ	标准差 σ
起升载荷 P_Q /N	$\mu_{P_Q}=1\,372\,000$	$\sigma_{P_Q}=68\,600$
吊钩上横梁长度 L /mm	$\mu_L=8\,400$	$\sigma_L=420$
吊钩距离定滑轮组夹板距离 L_1 /mm	$\mu_{L_1}=1\,600$	$\sigma_{L_1}=80$
腹板厚度 δ /mm	$\mu_\delta=8$	$\sigma_\delta=0.4$
腹板高度 h /mm	$\mu_h=800$	$\sigma_h=40$
盖板厚度 δ_0 /mm	$\mu_{\delta_0}=16$	$\sigma_{\delta_0}=0.8$
盖板宽度 B /mm	$\mu_B=600$	$\sigma_B=30$
强度 R /MPa	$\mu_R=515$	$\sigma_R=25.75$

由抽样试验结果分析可以看出，当结构尺寸参数标准差为 0.05 倍均值时，可靠度下降趋势相较于标准差为 0.01 倍均值时明显。但相同的是在载荷循环初期，可靠度下降程度相对平缓，而在 85%左右寿命处，可靠度急剧下降，如图 8.6 所示。用损伤力学解释，随着加载次数的增加，金属结构的内部出现新的微观裂纹，已有的微观裂纹发展为宏观裂纹，导致结构的有效承载面积降低。当宏观裂纹出现时，由于裂纹尖端的应力集中现象，使得裂纹扩展速度加快，从而进一步削弱结构的承载能力。

8.5.5 改变结构尺寸的可靠度抽样试验

假设各随机变量服从正态分布，分析吊钩横梁在温度 387 ℃，起升载荷 140 吨以及在改变腹板高度与盖板宽度情况下，随加载次数变化的可靠度抽样试验。腹板高度增加 20 mm 的可靠度退化曲线如图 8.7 所示，结构尺寸分布参数见表 8.4 和表 8.5。

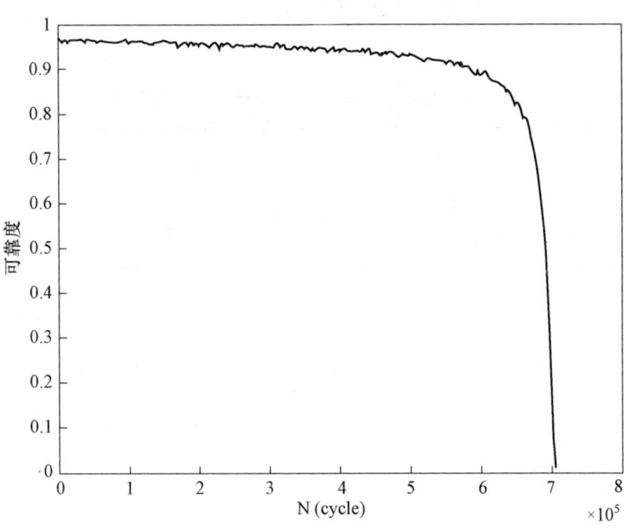

图 8.6　标准差为 0.05 倍均值下可靠度退化曲线

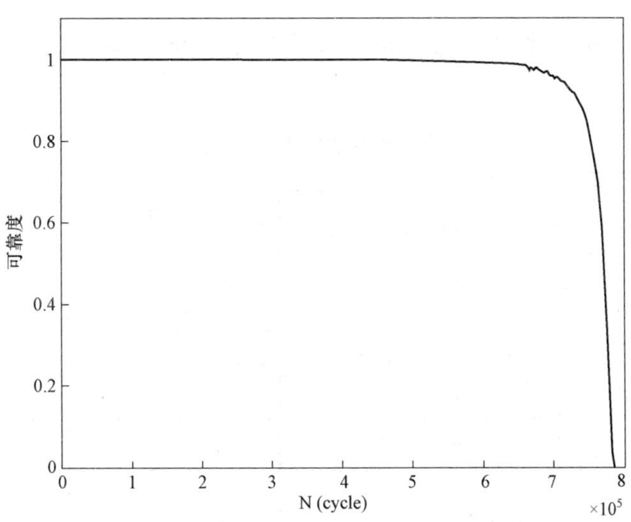

图 8.7　腹板高度增加 20 mm 的可靠度退化曲线

8.5.5.1 腹板高度增大 20 mm 的动态可靠度退化曲线

表 8.4 腹板高度增加 20 mm 的分布参数

结构尺寸 \ 分布参数	均值 μ	标准差 σ
起升载荷 P_Q /N	$\mu_{P_Q}=1\,372\,000$	$\sigma_{P_Q}=68\,600$
吊钩上横梁长度 L /mm	$\mu_L=8\,400$	$\sigma_L=84$
吊钩距离定滑轮组夹板距离 L_1 /mm	$\mu_{L_1}=1\,600$	$\sigma_{L_1}=16$
腹板厚度 δ /mm	$\mu_\delta=8$	$\sigma_\delta=0.08$
腹板高度 h /mm	$\mu_h=820$	$\sigma_h=8.2$
盖板厚度 δ_0 /mm	$\mu_{\delta_0}=16$	$\sigma_{\delta_0}=0.16$
盖板宽度 B /mm	$\mu_B=600$	$\sigma_B=6$
强度 R /MPa	$\mu_R=515$	$\sigma_R=25.75$

8.5.5.2 盖板宽度增大 20 mm 的动态可靠度退化曲线

表 8.5 盖板宽度增大 20 mm 的分布参数

结构尺寸 \ 分布参数	均值 μ	标准差 σ
起升载荷 P_Q /N	$\mu_{P_Q}=1\,372\,000$	$\sigma_{P_Q}=68\,600$
吊钩上横梁长度 L /mm	$\mu_L=8\,400$	$\sigma_L=84$
吊钩距离定滑轮组夹板距离 L_1 /mm	$\mu_{L_1}=1\,600$	$\sigma_{L_1}=16$
腹板厚度 δ /mm	$\mu_\delta=8$	$\sigma_\delta=0.08$
腹板高度 h /mm	$\mu_h=800$	$\sigma_h=8$
盖板厚度 δ_0 /mm	$\mu_{\delta_0}=16$	$\sigma_{\delta_0}=0.16$
盖板宽度 B /mm	$\mu_B=620$	$\sigma_B=6.2$
强度 R /MPa	$\mu_R=515$	$\sigma_R=25.75$

由抽样试验结果分析，改变腹板高度相比于改变盖板宽度更能显著提高可靠度。当腹板高度增大 20 mm 时，动态可靠度曲线拐点在循环次数 7.13×10^5 出现，而当盖板宽度增加 20 mm 时，动态可靠度曲线拐点在循环次数 6.72×10^5 出现，是因为腹板高度的改变要比盖板宽度的改变对于惯性矩的影响要大，但两者可靠度曲线的拐点也同样出现在 85%左右寿命处，如图 8.8 所示。

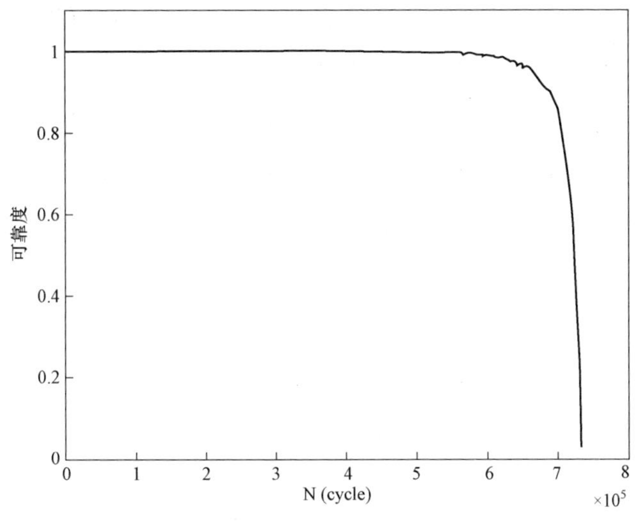

图 8.8　盖板宽度增大 20 mm 的可靠度退化曲线

8.6　本章小结

对材料为 Q345B 钢的铸造起重机吊钩上横梁进行了动态可靠度研究，提出了在损伤力学理论下的应力强度干涉模型，以及基于损伤力学的动态可靠度计算方法。结合疲劳试验以及可靠性抽样试验得到以下结论：

（1）结合应力强度干涉理论与损伤力学理论计算动态可靠度，在物理实验指导下，使得动态可靠度的研究具有明确的物理意义。

（2）在抽样仿真实验中，减小吊钩上横梁结构尺寸标准差，可以明显地提高结构可靠度。同时可以看出增加腹板高度相比于增加盖板宽度更能显著提高结构的可靠度。

（3）分析不同试验结果，在85%左右寿命处，铸造起重机吊钩上横梁可靠度均呈现出明显下降趋势。

（4）由于物理实验数据有限，最终可靠度计算精度有待提高，希望在今后的工作中，尽量丰富实验数据，提高计算精度。

（5）以铸造起重机金属结构为研究对象，讨论了在结构尺寸以及尺寸标准差发生变化对于吊钩上横梁的动态可靠度的影响，对于起重机金属结构可靠性优化设计有重要的参考价值。

第 9 章

总结、创新与展望

9.1 总　结

本书主要针对在中温环境下工作的铸造起重机在不同阶段的寿命评估以及动态可靠性计算方法进行研究。首先开展了三部分 Q345B 钢的物理实验，第一部分为静拉伸实验，第二部分疲劳拉伸试验，第三部分为裂纹扩展试验。基于试验数据，分别推导出包含温度变量的三参数应力寿命模型、损伤退化模型和 Paris 公式，然后以 140T/40T 铸造起重机为研究对象，计算了桥架金属结构的裂纹萌生阶段寿命和裂纹扩展阶段寿命。最后将损伤退化模型与应力强度干涉模型相结合，模拟计算了铸造起重机吊钩上横梁的动态可靠度。

9.2 结　论

（1）在 Q345B 钢的静拉伸实验中，随着温度的增加，弹性模量、屈服极限均呈现出下降的趋势，而且温度越高屈服平台变得越短。由于动态应变时效作用的影响，经过动态应变时效处理后会产生高密度的稳定三维位错网络结构，增加位错和运动的阻力，强度极限在 320 ℃的时候达到最大值，室温下的强度极限与 400 ℃时相差不大。Q345B 钢在实际工作中，将工作温度控制在 350 ℃以内，基本可以保证比较高的安全度。Q345B 钢在 320 ℃时出现明显的循环硬化现象，在其他温度则出现循环软化现象，尤其在 20 ℃和 400 ℃时循环软化现象最为明显。推测 320 ℃附近为 Q345B 钢动态应变时效的强化温度。

（2）在 weibull 三参数应力寿命模型的基础上，基于不同环境温度的应力控制疲劳试验数据，推导出了包含温度变量 T 的三参数应力寿命模型，通过平均应力的修正，得到了实际工程中对称循环的应力寿命估算公式，为载荷谱分析中忽略小载荷对寿命的影响提供参考依据。

（3）将循环过程中平均应变与材料断裂时平均应变的比值作为损伤变量，在双对数坐标下拟合出不同温度和不同应力状态下的损伤退化模型，以最大循环应力、温度与损伤指数拟合，最终确定了在不同环境温度不同应力状态下的损伤退化模型，通过实验数据的拟合结果，确定了 Q345B 钢的临界损伤 D_c 在 0.18 到 0.23 之间，初始损伤均值为 $D_0 = 0.030\,426$，为铸造起重机裂纹萌生阶段寿命的计算提供数据支持。

（4）将损伤力学与有限元方法相结合，对铸造起重机裂纹萌生阶段的寿命进行有限元模拟分析。在有限元计算中，当单元损伤值达到临界损伤值 D_c 时，将此时循环次数作为裂纹萌生阶段的寿命。在对铸造起重机整体桥架有限元分析中，发现主主梁跨中截面危险点的裂纹萌生阶段寿命短于副主梁，虽然主主梁跨中截面危险点的损伤等效应力与副主梁跨中截面危险点的损伤等效应力相差不多，但副主梁跨中截面危险点的温度更接近 Q345B 钢的动态应变时效显著强化温度，温度对 Q345B 钢基体起到了强化保护作用，提高了 Q345B 钢的疲劳性能。

（5）通过不同温度下的裂纹扩展试验数据，推导出了随环境温度变化 Paris 公式。发现当温度为 320 ℃时，裂纹扩展速率最小，表明动态应变时效行为对裂纹扩展同样有减缓作用，由此可以推测 320 ℃附近是裂纹表面与晶界氧化影响程度的分界点。在得到包含环境温度变量 T 的 Paris 公式前提下，对铸造起重机桥架金属结构裂纹扩展模拟计算，通过拟合结果发现，副主梁危险点处的裂纹扩展速率小于主主梁，此结论对实际工作中的铸造起重机寿命评估有着极其重要的指导意义。

（6）20 ℃和 150 ℃的断口有着明显的延性断裂的特征，韧窝分布不规则，韧窝在断口多处强烈聚集，而且有着数量多以及尺寸大的孔洞。250 ℃时的宏观断口形貌有着脆性、延性综合断裂的特征，虽然在快速瞬断区也存在较多的蠕变孔洞，但韧窝分布相对均匀，此时循环蠕变行为对疲劳损伤的加速作用有所减轻。320 ℃时的断口宏观形貌呈现出脆性解理断裂的特征，而且韧窝比较均匀，深度较浅，同时，蠕变孔洞从数量上也比较少，材料的疲劳性能有了较大的提高。400 ℃时典型的宏观断口形貌，呈现出延性断裂的特征，由于温度已经接近再结晶温度，韧窝与蠕变孔洞得到恢复，韧窝与蠕变孔洞变浅、变小。

（7）以铸造起重机吊钩上横梁为研究对象，讨论了在截面尺寸以及尺寸标准差发生变化对于吊钩上横梁的动态可靠度的影响，通过抽样仿真实验结果分析，发现减小吊钩上横梁截面尺寸标准差，可以明显地提高结构可靠度。同时可以看出增加腹板高度相比于增加盖板宽度更能显著提高结构的可靠度。分析可靠度退化曲线，在 85%左右寿命处，铸造起重机吊钩上横梁可靠度均呈现出明显下降趋势。该方法对于起重机金属结构可靠性优化设计有重要的参考价值。结合应力强度干涉理论与损伤力学理论计算动态可靠度，在物理实验指导下，使得动态可靠度的研究具有明确的物理意义。

9.3 创新点

（1）通过分析金属结构裂纹萌生扩展的规律，提出了将铸造起重机金属结构寿命评估分为裂纹萌生和裂纹扩展两阶段寿命评估，从而解决铸造起重机在中温环境下不同阶段的寿命评估方法适用性问题。

（2）通过不同温度应力控制的疲劳试验，将温度拟合到疲劳抗力系数、疲劳指数和疲劳极限中，推导出了体现温度影响的 weibull 三参数疲劳设计模型。

（3）通过不同温度的应力控制疲劳试验以及 CT 试样的裂纹扩展试验和疲劳试验数据分析，提出了温度对于 Q345B 钢疲劳行为的影响规律，对于实际工作环境温度高于常温的 Q345B 钢在不同阶段的寿命评估有着重要意义和经济价值。

（4）基于推导出的综合损伤模型，结合不同温度的应力控制疲劳试验，将环境温度 T 引入损伤模型的损伤指数 $q(\sigma_{\max},T)$ 中，使损伤退化模型能够体现温度对于损伤的影响，从而有效应用于中温环境的铸造起重机金属结构寿命评估工作。

（5）通过不同温度下的裂纹扩展试验，推导出包含温度变量 T 的 Paris 裂纹扩展模型，并将该模型应用于中温环境下铸造起重机金属结构的裂纹扩展行为研究中。

（6）基于损伤理论，将损伤退化模型引入到等效损伤应力的计算中，从而得到等效损伤应力随加载次数变化的函数。利用强度干涉理论，计算出金属结构的动态可靠度，为动态可靠性优化设计提供了一种新方法。

9.4 展　望

（1）本研究的对象是铸造起重机，铸造起重机每次加载基本都是满载，工作级别较高，一般都在 A7 以上，而通用桥式或通用门式起重机则明显区别于铸造起重机，每次起吊重物并不一定是满载，在这种情况下，必须考虑在不同应力幅下的结构损伤，需要统计通用桥式或门式起重机载荷谱。在以后的研究中，将损伤力学和断裂力学与载荷谱相结合，使本研究方法能够应用于实际工程中各类起重机的寿命评估工作。

（2）本研究的应力控制拉伸疲劳试验和裂纹扩展试验都是在固定应力比、加载频率的情况下进行的，在以后的研究中，需要进一步探讨在不同试验条件时，对于材料的损伤以及裂纹扩展的影响，同时也应该对材料的在应变控制下的寿命评估做进一步的研究。

（3）工程实际中的起重机金属结构中存在大量应力集点，这些应力集中点的应力状态均为三维应力状态，而本研究中的应力控制疲劳试验的试件为光滑试件，在以后的疲劳试验中，用缺口试样进行疲劳试验，研究不同缺口试样对结构的破坏机制的影响，同时验证 Lemaitre 损伤等效应力的三维应力模型的正确性，这对损伤力学在工程中的应用有非常重要的意义。

（4）由于本次裂纹扩展试验只是分析了 Paris 公式中的参数 C 和 m 随不同环境温度变化趋势，并没有深入探讨环境温度对 Q345B 钢断裂韧性的影响，在以后的工作中，会进一步分析并完善这部分研究。

参考文献

［1］ 国家自然科学基金委员会工程与材料科学部. 机械工程学科发展战略报告（2011—2020）［M］. 北京：科学出版社，2010.

［2］ 周津慧. 重大设备状态检测与寿命预测方法研究［D］. 西安：西安电子科技大学，2006.

［3］ 唐立强，蔡艳红. 蠕变材料 I 型动态扩展裂纹尖端场［J］. 力学学报，2005，37（5）：573-577.

［4］ 贾斌，李永东，王振清. 蠕变硬化材料中 II 型扩展裂纹尖端场特性研究［J］. 固体力学学报，2009，30（2）：209-214.

［5］ CUI W C. A state-of-the-art review on fatigue life prediction methods for metal structures［J］. Journal of Marine Science and Technology, 2002, 7(1): 43-56.

［6］ 李德勇，姚卫星. 缺口件振动疲劳寿命分析的名义应力法［J］. 航空学报，2011，32（11）：2036-2041.

［7］ 胡俏，谢里阳，徐颧. 双参数名义应力法［J］. 航空学报，1993，14（10）：500-502.

［8］ 王忠波，刘文，蒋冬滨，等. 腐蚀条件下疲劳寿命评定的名义应力法［J］. 北京航空航天大学学报，2003，29（2）：161-164.

［9］ 刘刚，黄如旭，黄一. 复杂焊接接头多轴疲劳强度评估的等效热点应力法［J］. 焊接学报，2012，33（6）：10-14.

［10］ 彭凡，姚云建，顾勇军. 热点应力法评定焊接接头疲劳强度的影响因素［J］. 焊接学报，2010，31（7）：83-86.

［11］靳慧，李菁，张其林，等. 铸钢节点环形对接焊缝的疲劳计算［J］. 同济大学学报（自然科学版），2009，37（1）：20-25.

［12］贾法勇，霍立兴，张玉凤，等. 热点应力有限元分析的主要影响因素［J］. 焊接学报，2003，24（3）：27-30.

［13］Manson S S. A complex subject-some simple approxim-ations［J］. J of Experiment Mechanics，1965（57）：93-226.

［14］Coffin L F. The effect of frequency on high temperature low-cycle fatigue［C］In Proceedings of Air Force Conference on Fracture and Fatigue of Aircraft Structures. AFDL-TR-70-144, 1970: 301-312.

［15］张国栋，苏彬，王泓，等. 一种确定低周应变疲劳应变-寿命曲线的方法［J］. 航空动力学报，2006，21（5）：867-873.

［16］聂宏，常龙. 基于局部应力应变法估算高周疲劳寿命［J］. 南京航空航天大学学报，2000，32（1）：75-79.

［17］张国栋. 高温低周应变疲劳的三参数幂函数能量方法研究［J］. 航空学报，2007，28（2）：315-318.

［18］Ostergren W J. A damage function and associated failure equation for predicting hold time and frequency effects in elevated temperature low cycle fatigue［J］. Journal of Testing and Evaluation, 1976, 4(5): 327-339.

［19］钱桂安，王茂廷，王莲. 用局部应力应变法进行高周疲劳寿命预测的研究［J］. 机械强度，2004，26（S）：275-277.

［20］Dow ling N E, Brose W R, Wilson W K. Notched member fatigue life prediction by the local strain approach［J］. Advances in Engineering. Fatigue under Complex Loading, S. A. E, 1977, 6: 55-84.

［21］杨冰，赵永翔，邹平波，等. 16MR 钢焊接头概率循环应变—寿命模型的综合分析［J］. 核动力工程，2004，25（3）：241-245.

［22］童第华，陈志伟. 局部应变法预测飞机结构带孔部件疲劳寿命［J］.

航空材料学报，2011，31（5）：86-90.

［23］郑钰琪，王三民，王燕平. 某型汽车起重机起重臂的应力和应变疲劳寿命预估［J］. 机械强度，2013，35（6）：850-854.

［24］张国栋，苏彬，王泓，等. 弹性模量对高温低周应变疲劳参数的影响［J］. 航空动力学报，2005，20（5）：768-771.

［25］张国栋，苏彬，王泓，等. K403 合金高温低周应变疲劳寿命预测方法研究［J］. 机械强度，2004，6（S）：263-266.

［26］周炜，周鋐，冯展辉. 应用局部应力-应变法估算机械疲劳寿命［J］. 同济大学学报：自然科学版，2001，29（8）：4.

［27］阿合买提江，买买提. 金属材料应变疲劳寿命的估算［J］. 中国稀土学报，2005，12（23）：201-205.

［28］Kachanov L M. Time of the rupture proeess under creep conditions［J］. Isv Akad Nauk. SSA Otd Tekh, 1958, 8: 26-31.

［29］Robotnov Y N. Creep problems in structure members［M］. Amsterdam: North-Holland, 1969.

［30］Leckie F A, Hayhurst D R. Creep rupture of strueture［J］. Proceedings of the Royal Society A: Mathematical, 1974, A340: 323-347.

［31］Krajcinovic D, Lemaitre J. Continuum Damage Mechanics: Theory and Application［M］. Berlin: Springer Verlag, 1987.

［32］Hult J. Damage induced tensile instability(Trans. 3rd)［M］. London: AMIRT, 1975.

［33］Lemaitre J. A continuous damage mechanics model for duetile fracture［J］. Eng. Mater. &Tech. 1985, 107: 83-89.

［34］Chaboche J L. Une Loi Differentielle D'endommagement De Fatigue Avec Cumulation Non Lineaire［J］. Revue Francaise de Mechanique, 1974, 50: 71-82.

［35］June W. A Continuum Damage Mechanics Model for Low-Cycle

Fatigue Failure of Metals [J]. Engineering Fracture Mechanics, 1992, 41(3): 437-441.

[36] Xiao Y C, Li S, Gao Z. A Continuum Damage Mechanics Model for High Cycle Fatigue [J]. International Journal of Fatigue, 1998, 20(7): 503-508.

[37] Chandrakanth S, Pandey P C. An isotropic damage model for ductile material [J]. Engineering Fracture Mechanics, 1995, 50(4): 457-465.

[38] Yang X H, Li N, Jin ZH, et al. A continuous low cycle fatigue damage model and its application in engineering materials [J]. International Journal of Fatigue, 1997, 19(10): 687-692.

[39] 陈志平，蒋家羚，陈凌. 1. 25Cr0. 5Mo 钢疲劳-蠕变交互作用的损伤研究 [J]. 金属学报，2007，43（6）：637-642.

[40] Griffith A A. The Phenomena of Rupture and Flow in Solids [J]. Philosophical Transactions of the Royal Society of London, Sereis A, 1921, 221: 163-199.

[41] Irwin G R. Analysis of Stresses and Strains near the End of a Crack Transfering of a Plate [J]. Journal of Applied Mechanics, 1957, 24(4): 361-364.

[42] Paris P C, Gomez M P, Anderson W E. A Rational Analytic Theory of Fatigue [J]. The Trend in Engineering, 1961, 13: 9-14.

[43] Paris P, Erdogan F. A Critical Analysis of Crack Propagation Laws [J]. Journal of Basic Engineering, 1963, 85(4): 528-533.

[44] Elber W. The Significance of Fatigue Crack Closure [M]. Philadelphia: American Society for Testing and Materials, 1971.

[45] Evans P R V, Owen N B, McCartney L N. Mean Stress Effects on Fatigue Crack Growth and Failure in a Rail Steel [J]. Engineering Fracture Mechanics, 1974, 6(1): 183-193.

［46］ Bulloch J H. Fatigue Crack Growth Characteristics of a 80 Ni-20 Cr Alloy: The Effects of Mean Stress and Microstructural Porosity［J］. International Journal of Pressure Vessels and Piping, 1995, 61(1): 13-24.

［47］ Forman R G. Study of Fatigue Crack Initiation from Flaws Using Fracture Mechanics Theory［J］. Engineering Fracture Mechanics, 1972, 4(2): 333-345.

［48］ Druce S G, Beevers C J, Walker E F. Fatigue Crack Growth Retardation Following Load Reductions in a Plain C-Mn Steel［J］. Engineering Fracture Mechanics, 1979, 11(2): 385-395.

［49］ Jeglic F, Niessen P, Burns D N. Fatigue at Elevated Temperature: STP 520［S］. Philadelphia(PA): ASTM, 1973, 139.

［50］ Lohit S K, Gaonkar A K, Gotkhindi T P. Interpolating Modified Moving Least Squares based element free Galerkin method for fracture mechanics problems［J］. Theoretical and Applied Fracture Mechanics, 2022, 12(122): 20229.

［51］ Larisa S, Oksana B. Stress Intensity Factors of Continuum Fracture Mechanics at the Nanoscale［J］. Procedia Structural Integrity, 2022(37): 900-907.

［52］ Jizhou X, Shaolun L. Proc 3rd Int Conf On Fatigue an Fatigue Threshold［C］1987, 2: 1133.

［53］ Stepanova L V, Belova O N. Computation of conventional fracture mechanics parameters via molecular dynamics simulations［J］. Procedia Structural Integrity2022(40): 392-405.

［54］ Klaus H, Robertas A, Min W. Comparison of sensitivity measures in probabilistic fracture mechanics［J］. International Journal of Pressure Vessels and Piping, 2021, 8(192): 104388.

[55] 张芳，孙伟明. 钢的高温疲劳裂纹扩展行为研究 [J]. 化工装备技术，2004，25（5）：28-31.

[56] 于兰兰，毛小南，李辉. 温度对 TC4-DT 损伤容限型钛合金疲劳裂纹扩展行为的影响 [J]. 研发与应用，2007，26（12）：20-23.

[57] 王莺，高增梁，张芳，等. 316L 钢高温疲劳裂纹扩展的规律研究 [J]. 化工设备与管道，2005（2）：49-51.

[58] 吴欢，赵永庆，曾卫东，等. 不同温度下 Ti40 合金的疲劳裂纹扩展行为 [J]. 稀有金属材料与工程，2008，37（8）：1403-1406.

[59] Solomon H D. Frequency dependent low cycle fatigue crack propagation [J]. Metallurgical Transactions, 1973(8): 341.

[60] 陈建桥，竹园茂男，小谷靖长. 加载频率对中温环境下疲劳裂纹扩展的影响 [J]. 金属学报，2000，36（8）：813-817.

[61] 何玉怀，郭伟彬，蔚夺魁，等. 加载频率对直接时效 GH41 6 高温合金疲劳裂纹扩展性能的影响 [J]. 失效分析与预防，2008，3（1）10-14.

[62] 张有宏，吕国志，李仲. 铝合金结构腐蚀疲劳裂纹扩展与剩余强度研究 [J]. 航空学报，2007，28（2）：332-335.

[63] 李强，周昌玉，黄文龙. 加载频率变化的腐蚀疲劳裂纹扩展速率数学模型 [J]. 南京化工大学学报，2000，22（1）：32-36.

[64] Salvatore B, Livia C, Franc E G. A multicriterion design of steel frames with shakedown constraints [J]. Computers and Structures, 2006(84): 269-282.

[65] Chaudhuri A, Chakraborty S. Reliability evaluations of 3-d frame subjected to non-stationary earthquake [J]. Journal of Sound and Vibration, 2003, 295(4): 797-808.

[66] 乔红威，吕震宙. 随即激励下随即结构动力可靠性灵敏度分析 [J]. 振动工程学报. 2008，21（4）：404-408.

[67] 王新刚，张义民，王宝艳. 机械零部件的动态可靠性分析［J］. 兵工学报，2009，30（11）：1510-1516.

[68] 谢里阳，王正，周金宇，等. 机械可靠性基本理论与方法［M］. 北京：科学出版社，2009.

[69] Cazuguel M, Renaud C, Cognard J Y. Time-variant reliability of nonlinear structures: application to a represeniative part of a plate floor［J］. Quality and Reliability Engineering Intemational, 2006, 22: 101-108.

[70] 许亮斌，陈国明. 虑疲劳失效的海洋平台动态可靠性分析［J］. 石油学报 2007，28（3）：131-133.

[71] 许亮斌，陈国明. 考虑断裂和腐蚀失效的海洋平台动态可靠性研究［J］. 石油学报 2009，30（1）：1132-1135.

[72] 唐继武. 结构系统静强度可靠性分析优化方法研究［D］. 西安：西北工业大学，1994.

[73] GB4338—84. 金属高温拉伸试验方法［S］. 北京：中国标准出版社，1984.

[74] Xia Z, Kujawski D, Ellyin F. Effect of mean stress and ratcheting strain on fatigue life of steel［J］. International Journal of Fatigue, 1996, 18(5): 335-341. .

[75] GB/T 15248—94. 金属材料轴向等幅低循环疲劳试验方法［S］. 北京：中国标准出版社，1994.

[76] 杨显杰，罗艳，高庆，等. 循环软化 45 碳钢和循环硬化 304 不锈钢的棘轮行为实验研究［J］. 固体力学学报，2005，26（2）：125-131.

[77] 杨显杰，蔡力勋，向阳开. 316L 不锈钢的高温单轴应变循环与棘轮行为试验研究［J］. 西南交通大学学报，1998，33（1）：25-29.

[78] 康国政，高庆，杨显杰. 不同材料的室温单轴应变循环特性和棘轮行为研究［J］. 机械强度，2002，24（4）：608-612.

［79］康国政，孙亚芳，张娟，等. 55304 不锈钢在室温单轴循环加载下的时相关棘轮行为［J］. 金属学报，2005，41（3）：277-281.

［80］Hassan T, Kyriakides S. Ratchetting in cyclic Plasticity, Part Ⅰ: uniaxial behaviour［J］. International Journal of Plasticity, 1992, 8: 91-116.

［81］Hassan T, Kyriakides S. Ratchetting of cyclically hardening and softening materials, Part Ⅰ: uniaxial behaviour［J］. International Journal of Plasticity, 1994, 10: 149-184. .

［82］李超，张万健，朱世杰. 动态应变时效在中温循环蠕变中的作用［J］. 沈阳工业大学学报，1994，16（1）：7-10.

［83］李超，朱世杰. 动态应变时效在高温循环蠕变中的作用［J］. 沈阳工业大学学报，1994，16（4）：1-6.

［84］陈文哲，彭开萍，钱匡武. 动态应变时效对不锈钢高温强度的影响阴［J］. 机械工程学报，1992，28（2）：34-38.

［85］Cheng J, Nemat N S. A model for experimentally-observed high-strain-rate Dynamic strain aging in titanium［J］. Acta Materialia, 2000, 48: 3131-3144.

［86］Mulford R A, Kocks U F. New observations on the mechanisms of dynamic strain aging and of jerky flow［J］. Acta Metallurgica, 1979, 27: 1125-1134.

［87］Beukel A Van Den, Kocks U F. The strain dependence of static and dynamic strain aging［J］. Acta Metallurgica 1982, 30: 1027-1034.

［88］Tsuzaki K, Hori T, Maki T, et al. Dynamic Strain Aging During Fatigue Deformation in Type 304 Austenitic Stainless Steel［J］. Mater. Sci. Eng. 1983, 61(3): 247-260.

［89］陈嘉亮，彭开萍，陈文哲. 3004 铝合金的动态应变时效现象［J］. 有色金属，2006，58（1）：1-4.

[90] 彭开萍，陈文哲，钱匡武. 动态应变时效对 H68 黄铜低周疲劳行为的影响 [J]. 机电技术，2003，26（B09）：235-238.
[91] Cottrell A H. Dislocations and Plastic flow in crystals [M]. Oxford: Oxford University Press, 1953.
[92] Dicter G E. Mechanical metallurgy [M]. New York: McGraw-Hill, 1961.
[93] 陈文哲，彭开萍，钱匡武. 动态应变时效对不锈钢高温强度的影响 [J]. 机械工程学报，1992，28（2）：34-38.
[94] Moscato M G, Avalos M, Alvarez A I, et al. Effect of strain rate on the cyclic hardening of Zircaloy-4 in the dynamic strain aging temperature range [J]. Materials Science & Engineering A, 1997, (234-236): 834-837.
[95] Armas A F, Bettin O R, Alvarez A I, et al. Strain aging effects on the cyclic behavior of austenitic stainless steels [J]. Journal of Nuclear Materials, 1988, 155(part-P2): 644-649.
[96] 吕宝桐，郑修麟. 估算低温下金属材料应变疲劳寿命和疲劳极限的新方法 [J]. 西北工业大学学报，1992，10（3）：294-302.
[97] 徐灏. 疲劳强度 [M]. 北京：高等教育出版社，1988.
[98] Basquin O H. The Exponential Law of Endurance Tests [J]. Proceedings of the American Society for testing and Materials, 1910, 10: 625-630.
[99] Weibull W. A statistics distribution function of wide applicability [J]. Journal of Applied Microelectron, Reliab, 1951, 28(4): 613-617.
[100] 郑修麟，张钢柱. 应变疲劳公式的探讨 [J]. 西北工业大学学报，1984，2（2）：223-229.
[101] 李贵军. 特种压力容器用钢 2. 25Cr1Mo 的中温低周疲劳行为和寿命评估技术的研究 [D]. 杭州：浙江大学，2004.

［102］余寿文，冯西桥. 损伤力学［M］. 北京：清华大学出版社，1997.

［103］黄筑平. 连续介质力学基础［M］. 北京：高等教育出版社，2006.

［104］张亮. 铝合金高周疲劳的能量耗散模型及寿命预测［D］. 哈尔滨：哈尔滨工业大学，2013.

［105］Lemaitre J. A Course on Damage Mechanics［M］. Berlin: Springer. Verlag, 1996.

［106］陈凌，蒋家羚. 一种新的低周疲劳损伤模型及实验验证［J］. 金属学报，2005（02）：157-160.

［107］Wang Y, Jiang J L. A nonlinear continuum damage model and its application in boiler drum steel[J]. China pressure Vessel Technoloy, 2003, 1(l): 37-40. .

［108］Krajcinovic D, Lemaitre J. Continuum Damage Mechanics(Theory and Application)［M］. Berlin: Springer Verlag, 1987.

［109］杨光松. 损伤力学与复合材料损伤[M]. 北京：国防工业出版社，1995.

［110］Lemaitre J. Damage measurements［J］. Engineering Fracture Mechanics, 1987, 28(5): 643-661.

［111］杨明亮，徐格宁，常争艳，等. 基于有限元法的桥式起重机桥架模态分析［J］. 机械科学与技术，2012，31（1）：135-137.

［112］陈道礼. 桥式起重机动态刚性的有限元分析[J]. 起重运输机械，2005（5）：13-15.

［113］黄涛，王涛，杨先勇，等. 桥式起重机三维有限元分析［J］. 武汉科技大学学报，2009，32（6）：623-626.

［114］杨金堂，周诗洋，李公法. 基于 ANSYS 的桥式起重机桥架结构有限元分析［J］. 武汉科技大学学报，2011，34（3）：219-222.

［115］Lemaitre J. Anisotropic damage law of evolution［J］. European Journal of Mechanics, A/Solids, 2000, 19(2): 187-208.

[116] Lemaitre J. Micro-mechanics of crack initiation [J]. International Journal of Fracture, 1990, 42(1): 87-99.

[117] Desmorat R, Lemaitre J. Crack-initiation conditions: Extended Neuber method coupled to damage mechanics[J]. Proceedings of the International Conference on Damage and Fracture Mechanics, 1998: 77-86.

[118] Lemaitre J. A Course on Damage Mechanics [M]. Berlin: Springer-Verlag, 1992.

[119] 丁新星. 基于ANSYS 的损伤力学-有效应力法预估构件寿命[D] 秦皇岛：燕山大学，2011.

[120] GB/T 6398—2000. 金属材料疲劳裂纹扩展速率试验方法[S]. 北京：中国标准出版社，2000.

[121] 贾法勇，霍立兴，张玉凤，等. 疲劳裂纹扩展速率两种数据处理方法的比较 [J]. 机械强度，2003，25（5）：568-571.

[122] 高文柱，吴欢，赵永庆. 金属材料疲劳裂纹扩展研究综述[J]. 钛工业进展，2007，6：33-37.

[123] 王庆雷，李德才. 疲劳裂纹扩展影响因素研究综述 [J]. 机械工程师，2011，8：5-8.

[124] Zerbst U, Madia M, Vormwald M, et al. Fatigue strength and fracture mechanics-A general perspective[J]. Engineering Fracture Mechanics, 2018, 7(198): 2-23.

[125] Fernando M, Correia José A F O, de Jesus Abílio M P, et al. Fatigue analysis of a railway bridge based on fracture mechanics and local modelling of riveted connections [J]. Engineering Failure Analysis, 2018, 12(94): 121-144.

[126] 熊缨，陈冰冰，郑三龙，等. 16MnR 钢在不同条件下的疲劳裂纹扩展规律 [J]. 金属学报，2009，45（7）：849-855.

［127］中国航空研究院. 应力强度因子手册（增订版）［M］. 北京：科学出版社，1993.

［128］GB/T 4161—2007. 金属材料平面应变断裂韧度 K_{Ic} 试验方法［S］. 北京：中国标准出版社，2007.

［129］［法］G · 亨利，［西德］D · 豪斯特曼. 宏观断口学及显微断口学［M］. 曾祥华等，译. 北京：机械工业出版社，1990.

［130］崔约贤，王长利. 金属断口分析［M］. 哈尔滨：哈尔滨工业大学出版社，1998.

［131］钟群鹏，赵子华. 断口学［M］. 北京：高等教育出版社，2006.

［132］Dilip R T. A discretizing approach for evaluating reliability of complex systems under stress-strength model［J］. IEEE Transaction on Reliability, 2001, 50(2): 145-150.

［133］孙志礼，陈良玉，张钰. 机械传动系统可靠性设计模型（Ⅰ）［J］. 东北大学学报：自然科学版，2003，24（6）：548-551.

［134］王正，谢里阳，李兵. 随机载荷作用下的零件动态可靠性模型［J］. 机械工程学报，2007，43（12）：20-25.

［135］王正，谢里阳，李兵. 机械零件动态可靠性模型及失效率研究［J］. 东北大学学报（自然科学版），2007，28（11）：188-193.

［136］王正，谢里阳，李兵. 零件动态可靠性建模及早期失效率研究［J］. 航空学报，2007，28（6）：1379-1382.

［137］左勇志，刘西拉. 结构动态可靠性的全随机过程模拟［J］. 清华大学学报（自然科学版），2004，44（3）：29-38.

［138］徐格宁. 机械装备金属结构设计（第 2 版）［M］. 北京：机械工业出版社，2009.

［139］航空工业部科学技术委员会. 应力集中系数手册［M］. 北京：高等教育出版社，1990.